經營顧問叢書 318

企業盈利模式

王德勝　編著

憲業企管顧問有限公司　發行

《企業盈利模式》

序　言

當今企業間的競爭，不是產品的競爭，甚至不是服務的競爭，而是企業盈利模式的競爭。可以說，盈利模式，關係到企業的生存與發展。

企業之所以能夠成功，除了企業必須擁有的人力資源、資金資源、物流資源、優秀的管理團隊外，還須具備有自身特色的盈利模式。沒有盈利模式，就沒有利潤，而沒有利潤的企業，是沒有出路的！企業擁有適當的盈利模式，就掌握了不斷取得勝利的法寶！

事實證明，只要擁有合適的盈利模式，成功的企業就能繼續走向輝煌，虧損企業才能擺脫困境。企業沒有一個合適的盈利模式，不管企業名氣有多大，到頭來，也只能以失敗告終。

盈利模式如此重要，到底什麼是盈利模式？它包括那些要素？如何分析和建立企業的盈利模式？它的神奇之處在哪里？……所有這些問題都是每一個企業經營者、主管想要破譯的謎局。

本書就是專講企業成功的核心部分：盈利模式。全書介紹企業如何經營獲利，對各種盈利模式設計進行了理論介紹與實務分析，並提供了大量的盈利模式設計經典案例。

盈利模式是任何一家企業經營的「原點」，沒有好的商業模式，技術再好、產品再好、品牌再好、資產再大也沒有前途！毫不誇張地說，沒有好的盈利模式，企業就沒有前途！

最佳的盈利模式，是企業安身立命、健康成長的根本。要想讓自己的企業成為常青樹，就必須注重盈利模式，並且保證在企業發展的每一個階段，都有最適合的盈利模式。

經商最重要的不是資金，不是人才，是盈利模式。經營的根本目的是賺錢；賺錢的核心是盈利模式。現代企業的贏家法則是，誰能持續獲得比同行更高的利潤，誰就是真正的贏者。仔細研究國內外企業的發展史，你會發現，成功企業的奇跡後面，總有一個非常的盈利模式。

盈利模式就是企業賺錢的方法！這個賺錢的方法決定了企業的生死，決定了企業財富價值的等級，決定了企業核心競爭力，決定了企業的未來。

不同的商業模式決定了不同的企業結局。擁有了理想的盈利模式，平常的企業就能創造輝煌！擁有了理想的盈利模式，虧損的企業就能起死回生！擁有了理想的盈利模式，成功的企業就能基業常青！

本書是你真正瞭解商業模式的開始，這是你創造更好商業模式的開始。

本書適合企業管理者、經營者、對盈利模式設計感興趣的讀者。祝福讀者在閱覽此書後，能找出更有利的企業盈利模式，爲貴企業增添績效！

…………2015 年 9 月

《企業盈利模式》

目　錄

1

不創新，你就會像柯達倒閉

「失敗是成功之母」，但是另一句話是：「成功是失敗之父。」

失敗是成功之母，成功是失敗之父。很多企業在發展過程中，總結了很多經驗，有了很多認識，而這些認識恰恰可能阻礙未來的創新突破，成為一個巨大的包袱，而不是資產。這裏最典型的案例就是柯達彩色膠捲。

一、不創新，你就會像柯達倒閉

今天已經進入了數碼相機時代，柯達公司作為數碼相機技術的發明者之一，卻並未及時進入數碼相機領域，導致前幾年虧損達到10億美元以上。

柯達公司每年依然有數萬項技術專利，這樣的技術專利規模，幾乎沒有企業可以與之相比。但恰恰是這樣一個技術發明者，卻陷入了虧損的狀態，一項技術如果沒有商業化運用的話，它就沒有價值。柯達公司陷入虧損狀態，正因為它錯誤判斷了「感光膠捲轉向數碼相機」轉變的速度。

柯達的慘痛教訓給我們一個很大的啟發。轉變落後於時代必然付出沉重的代價，無論企業過去多麼優秀，當外部環境發生改變時，企業也必須及時進行變化，否則就將是最先被淘汰的企業。

柯達公司折戟於數碼相機時代，那麼，誰是當今世界最大的數碼相機公司呢？

讀者的腦海想必立刻浮現出新力、佳能、松下等大家非常熟悉的相機公司，但是非常遺憾，這些答案都是錯誤的。那麼，現在全世界最大的數碼相機公司到底是誰呢？

答案是手機。因為全球手機已經標準配備了數碼相機的功能，手機不再是手機，手機已經成了「移動多媒體終端」。所以，從傳統膠捲到數碼相機，再到移動多媒體終端，在短短的 5 年之內，世界已經完成了如此巨大的跨越式改變。

柯達公司膠捲業務曾經被認為是搶錢的買賣，是跟印美鈔一樣的暴利生意，柯達彩色膠捲一盒的銷售價格是多少，而生產成本才多少，利潤驚人。但是，數碼相機橫空出世，迅速佔據市場，幾乎在一兩年之間，人們就再也不用膠捲了，一個巨大的市場幾乎煙消雲散了，柯達公司也從天堂掉到了人間，甚至是掉進了地獄。所以，當外部環境發生重大改變時，企業必須迅速應對變化，否則就可能萬劫不復。因此，企業過去所謂的成功經驗往往容易變成企業創新突破的「包袱」，而外部環境一變，很多企業就變成「恐龍」了。

二、不要忽略技術進步

新技術的變化，必將淘汰沒有準備的企業。因為新的技術會從多方面推動企業的變革，將那些跟不上形勢、不能盈利或者利潤微弱的企業淘汰。例如電腦的應用，便使高速數據處理和解決複雜的生產問題成為可能，使企業的活動更加信息化、程序化、網路化、精確化，企業的效益也大大提高。原始的手工操作退出歷史舞台也就不足為奇。

從現代信息技術的角度來講，市場所要求的整合的速度越來越快，一項新的技術就可以把競爭對手攔截門外，任何慢一點進入這個整合的企業，都有被淘汰的風險。而作為單個的企業，往往只能在自己的範疇內突圍，缺乏技術整合的能力，因此，增強這種技術整合的能力也就成為現在企業面臨的最大壓力。所以，現在企業的領導者，要瞭解自己所處的產業發生什麼變化，並且盡可能做出正確的判斷，知道是什麼力量將會改變自己的產業。否則，這個企業將很容易被淘汰。

技術變革和創新是企業持續盈利的根本保障。科學技術的進步是決定經濟增長和企業產品壽命的重要因素。賓夕法尼亞大學經濟學家曼斯費爾德教授的研究成果表明：技術革新投資的平均社會收益為 56%，個人收益為 25%。美國按人口平均的產品增長，大約 90%依賴於技術的變革，生產力提高因素的 80%也是來自於科技進步。所以，美國從政府到企業，都非常重視在科技革新方面的投入，每年用於科技研發的經費約佔國民總收入的 3%。他們還根據產品的生命週期理論，將產品區分為導入期、成長期、成熟期和衰退期四個階段，並由此提出名牌產品要想曆久彌新，獨領風騷，就必須有一隻不斷開發新產品的技術隊伍，以便在一種產品進入衰退期之前，果斷地利用另一種新產品來加以替代，從而延長名牌的使用壽命。另外，他們還提出延伸創新的觀點，就是在一個名牌下發展產品線和產品項目，使之形成一個具有相關特性的名牌家族，使各產品線、產品項目相關根聯、相輔相成，收到系統整合的效果。用他們的話說，這樣不僅可以壯大原有的主力名牌，而且還使消費者產生新鮮感和企業實力增強的信任感。也就是說企業需要新陳代謝，企業需要成長發育。企業的持續盈利是以技術的不斷進步作為支撐的。

新科學技術的進入，必將推動企業形態和功能發生重大變化。企業信息網路的建立，促進了信息的流通，使得每個人都能縱觀全局，高層與基層更容易溝通，中間層次的傳話功能逐漸淡化，中層管理人員將逐漸退出管理領域，而其職能將演變為信息的收集、匯總、加工和指令的完善。企業的高層主管也不能繼續充當預言家和裁判長，而要成為一位設計師，必須能圍繞利潤設計出靈活多變、充滿活力的盈利模式。只有這樣，才能使自己的企業在競爭日趨激烈的時代立於不敗之地。

2

盈利模式不能固定不變

在瞬息萬變的信息社會，市場環境無時無刻不在發生著變化，競爭對手也是無時無刻不在調整自己的戰略和盈利模式，那麼，以不變應萬變將不再是獲勝的法寶。面對極度競爭的經濟新形勢，企業必須能夠隨機應變，努力去尋找新的盈利模式。

在工業時代裏，人們習慣於擁有實體，當時以體積與重量來衡量產品的價值是最穩當的；然而時至今日，一噸鋼鐵的價值可能比不上一輛車子，或者一套軟體的價格。現在無形的產品反而能賣得好價錢，不事生產的企業反而能夠持續盈利。

正當產品變得越來越無形、越來越難以摸著邊際之時，我們發現連廠房設備、人力資源、組織結構也變得不像過去那麼真實。你的辦公室不見了，交易和決策就在指尖和手提電腦中完成；你可以在電腦上買東西；與政府之間的互動，也可透過網路進行；人類社會的形態將徹底被改變，企業不再需要實際擁有這些資源同樣也能贏得高額利潤。

自己不生產一雙鞋卻成為全世界最大的運動鞋廠商的耐克公司，正是依靠「虛擬經營」而走上成功之路的。它透過台灣的寶成公司來為其調度全球生產資源，自己則專注於產品的設計與行銷上。有些企業甚至連產品的研發與設計都能交由他人代勞，例如以 Palm 等 PDA 系列產品著稱的 3Com，也能妥善地運用外部的設計公司來為其設計產品，其多款暢銷商品都是由 IDEO 這一家專業設計公司所完成。

據瞭解，目前美國、日本等經濟發達國家，正以年遞增 35%的速度組建跨行業、跨地區的虛擬企業。美國戴爾電腦公司創立時，根本無力支付生產配件所需的費用。其創始人戴爾認為，可以將別人的投資為自己所用，而把利潤放在客戶的供貨方式和市場開拓上。為此，他以「戴爾」品牌電腦為核心，以能在 1 小時內供貨為條件，從外部選擇可靠的供應商並與之建立夥伴關係，使之成為自己的一部份。在客戶投訴某一零件時，由供應商的技術員工到現場處理，回來後到戴爾處研究改進品質的方法。戴爾和供應夥伴共用設計數據庫、技術、信息等資源，大大加快了將新技術推向市場的速度。當客戶提出訂單後，戴爾公司能在 36 小時內按客戶需求裝配好電腦，5 天內把貨送到客戶手中。新型的企業組織形式使戴爾公司迅速成長為一家知名的電腦公司，供應商也在和戴爾公司的合作中融為一體，分享了企業高速成長的優厚回報。

◎ 建立源源不斷的財流

很久以前，有一對叫布魯諾和柏波羅的堂兄弟住在義大利的一個小村子裏，他們很年輕而且都雄心勃勃。

一天，機會來了。由於村裏有很多長輩沒有力氣挑水，村裏便決定僱用他們把附近河裏的水運到村中央廣場的水缸裏去，村裏的長輩會按每桶水一分錢的價錢付給他們報酬。兩人在傍晚時，把廣場上的水缸裝滿了，他們也掙了一些錢。

第二天，柏波羅說：「我們修一條管道把水引到村裏去吧，這樣總比我們辛苦一天才能得到幾毛錢的報酬要好得多。」

布魯諾大聲嚷嚷道：「柏波羅，我們有全村最好的工作，還是放棄你的管道吧。你想想，我一天可以提 100 桶一分錢的水，一天就可以掙到一元錢！一個星期就能買雙新鞋；一個月就能買一頭母牛；半年後，我的新房子就能蓋起來了。」

但柏波羅還是不願意放棄自己的想法，相信夢想終會實現。於是他將白天的一部份時間用來提水，另一部份時間以及週末用來建造管道。

布魯諾賺的錢比柏波羅多一倍，他不斷地向柏波羅炫耀自己新買的東西。村民們也都嘲笑柏波羅在做無用功，但柏波羅不管這些，繼續挖他的管道，那怕每次只是前進 1 英寸。

最後，柏波羅的管道完工了，他的好日子也終於到來了！他口袋裏的錢越來越多了，因為有了管道，就能源源不斷地為村子供應新鮮水了。

管道的建成使得布魯諾失去了運水的工作。柏波羅找到布魯諾說：「布魯諾，我想教你建造管道……然後你再教其他人……然後他們再教其他人，直到管道鋪滿本地區的每個村落……最後，全世界的每一個村子都有管道。」

布魯諾不明所以。柏波羅繼續說：「我所建的管道不是夢想的結束，而只是開始。我們只需要從流進這些管道的水中賺取一個很小的比例……越多的水流進管道，就有越多的錢流入我們的口袋。」

布魯諾終於明白了柏波羅所勾畫的宏偉的藍圖。他笑了，他向他的老朋友伸出了自己那粗糙的手。

後來，柏波羅和布魯諾都變成了大富翁，他們所經營的管道生意每年把幾百萬的收入匯入他們的銀行帳戶。

故事中的主人公柏波羅剛開始的時候不過是提水桶的人，可是後來卻成了富翁。這一點並不是最重要的，最重要的是他成為富翁的途徑。他不是透過每天辛苦地奔波做生意，而是透過建立的管道，讓這個一次性的投資為自己帶來源源不斷的財富。

・為什麼有些人能夠整天很清閒就可以賺到錢？

・如何才能夠找到一個為自己提供源源不斷財富的支點？

故事中柏波羅的做法為我們提供了借鑑。

3
企業不盈利便是犯罪

松下幸之助曾經明確表示：企業不盈利便是犯罪，不能盈利的企業就是不道德的。

企業原本就是一種營利性的組織，它的存在只有一個目的，就是創造價值，就是賺取利潤。企業可不是慈善機構，它需要到市場上進行殘酷的拼殺，如果不能盈利，它就沒法生存。

從企業運行的過程中我們可以看到，一個企業想要發展，它會用到社會上的很多東西，如人力、物力等。如果你用了這麼多東西以後卻沒有掙到錢，雖然這些東西是你花錢買的，但這對社會資源也是一種浪費。從企業的角度看，賺不到錢，企業就會走進死胡同。從社會的角度看，如果大多數企業都是浪費資源卻不能創造利潤和價值，社會就無法發展下去了。

在 2014 年，有 86%的團購網站倒閉了，到底是什麼原因導致了它們的倒閉？很簡單，它們不能盈利。在這些網站中，最具有代表性的就是滴答團。滴答團本來在團購行業做得不錯，它擁有一個強大的管理團隊，而且在市場上所佔的比率也不小，排在前十名中，還獲得了一些機構的認可，並得到它們的投資與支援。

看起來滴答團在團購方面做得非常不錯，但是，當騰訊、阿里巴巴這種大企業也加入到團購網站的行列中時，競爭就不是激烈而是殘酷了。在這些大企業面前，小企業根本連腳都站不住，更不要說盈利了。在倒閉之前，滴答團也做過努力，試圖挽救不盈利的局面——和維絡城合併。然而，情況沒有變好，反而變得更差了。滴答團知道大勢已去，在團購上很難找到自己的市場了，無奈之下只好退出。

滴答團曾經取得了不錯的業績，不能說它不努力，也不能說它沒有實力。但是，市場競爭就是這麼殘酷，如果你不能在大企業的碾壓下存活下來，不能盈利，你就只有倒閉。由此我們也能看出，對於企業來說，什麼成績都是虛的，只有盈利才是硬道理。

如果一個企業說自己有崇高的理想和目標，不以賺錢為目的，其實他只是看的遠，想用更多財力來支撐更久，其實即便它的財力十分雄厚，遲早也是會倒閉的。

企業的倒閉不但對企業本身是最沉重的打擊，還會帶給整個社會很大的壓力，讓社會承擔很多原本不需要承擔的東西。企業本來為社會提供了很多的就業機會，這是一件好事，如果不能盈利，最終釀成倒閉的惡果，好事就會變成壞事。

有不少老闆對利潤的敏感程度不夠，當企業出現不盈利的情況時，他卻看不到這一點，也就不知道去儘早扭轉局勢，等他發現這個問題的時候，企業已經虧損得很嚴重。這時候再想轉虧為盈，就要花費很大的力氣，最終還不一定成功。

本來盈利是非常簡單的，沒有人們想像得那麼複雜，只需要把產品賣出去，賺到錢就可以了。但是，很多人看到別的企業賺很多錢，迅速做大，而自己的企業卻搖搖欲墜，就會陷入到一個怪圈中。他們脫離自己企業的現狀，盲目學習大企業的運營方式，自以為這樣就可以盈利，並且剛開始似乎還真的不錯，利潤仿佛增加了。然而，這往往只是老闆心理上的一種錯覺，這種錯覺會使企業在不盈利的泥潭中越陷越深。

現在各行各業的競爭都已經達到白熱化的地步，最顯著的就是價格方面的競爭。從手機行業來看，自山寨機出現，手機的價格戰便如火如荼地展開了，好不容易山寨機退出了市場，小米又殺了出來，以低價格高配置展開了新一輪的價格戰。不僅是手機行業，各行各業都已經進入微利時代，這就要求老闆對自己的盈利情況格外關注，否則一個不小心，就可能在價格戰中賠本。

無錫尚德在全世界的太陽能面板與產品的製造商裏面是最大的，它在世界上 10 多個國家都有分廠，員工更是擁有 1 萬多人。它令美國企業都感到了巨大的威脅，奧巴馬就曾表示，中國在光伏產業這種新能源的發展上太快了，美國也必須加快這方面的發展速度。然而，就是這樣一個全球大廠，光伏產業的老大，卻破產了，這真是令人感到震驚。

無錫尚德一直處在高速發展中，上市之後的股價也是一漲再漲。它受到政府的大力扶持，有很多地方政府都出資幫助它。它還被很多商家看好，不管是服裝企業的老闆還是房地產企業的老闆都把錢投到無錫尚德。

無錫尚德迅速壯大，成為光伏企業的標杆，讓老闆們看到了這個行業的希望，這也使得光伏企業迅速增加。同類企業越來越多，光伏產業過剩，再加上市場秩序極為混亂，無錫尚德不能繼續盈利，它的發展出現了前所未有的困境。更使它雪上加霜的是歐洲國家對它提起了反傾銷的訴訟，這給它致命一擊。

無錫尚德的破產充分說明了企業不盈利就要破產。企業再大又怎麼樣，尚德的老板曾是中國首富，若不盈利還是要破產。在盈利這個點上，任何企業都是平等的，只要能盈利，小企業也可以發展得很好，若是不能盈利，即便是全球第一大企業同樣要倒閉。

在企業是否盈利這個問題上，老闆很容易產生錯覺。例如，一個企業廣告做得非常火爆，花費了大量錢用來打廣告，產品的銷量看起來也不錯。這時候，企業的老闆就可能覺得自己的企業業績很好，是在盈利，心裏很高興。在這種心理作用下，看著火爆的廣告，老闆便麻痹大意，幻想著財源滾滾來，產生了盈利上的錯覺。等到最後一核算，因為產品是薄利多銷的，產品的銷售量明顯沒有預期中那麼好，到最後銷售額才與廣告費相關聯，企業表面上非常風光，實際卻是賠錢的。

在盈利方面有太多的幻覺和陷阱，所以，老闆一定要擦亮自己的雙眼，看清楚企業的狀態是不是真的在盈利。如果不能弄清楚這一點，老闆就是在誤導企業。

如果把企業比作一個人，那麼利潤肯定能算得上是水和空氣，離開了利潤，企業根本無法生存。在目前這個競爭日益激烈的經濟形勢之下，任何企業都面臨著巨大的壓力，即便是行業巨頭也不例外。現在各行各業都進入了微利時代，不能賺錢，企業再大也是照樣垮台。對於盈利的問題絕對不能等閒視之，它是懸在企業家頭頂上的達摩克利斯之劍，一不小心就有可能致人死命。

心得欄 --

1984 年奧林匹克運動會的盈利模式

1984 年洛杉磯奧運會是歷史上具有劃時代意義的奧運會，創建了里程碑式的盈利模式。

在沒有國家和舉辦政府的經濟資助背景下，尤伯羅斯的商業天才，臨危受命，創建了完全由民間私人商業組織主辦和運作的模式。

奧運會已有 80 多年的歷史，追求「更快、更高、更強」，奧運會競技項目多，以國家為單位出席，以國家的金牌和獎牌數量排名。由國家申請，國家和舉辦城市政府共同出資，提供奧運會場館建設、交通設施改造、環境改善等所需要的巨額資金。很多國家以承辦為榮，趨之若鶩，競相承辦。

但 1984 年以前的奧運會，往往是奧運會成功、國際奧會成功（國際奧會基本上不投入資金，卻分享收益），而巨額投資、有限收入和高昂的維護成本，導致奧運會舉辦城市或者舉辦國背上沉重的財務負擔。例如，1976 年蒙特利爾奧運會，一直到 2006 年才還清了債務。

實際上，洛杉磯奧運會的起步非常艱難。當洛杉磯獲得 1984 年奧運會舉辦權後，鑑於前幾屆奧運會的經濟失敗，美國政府明確表示，絕不拿納稅人的錢玩這種遊戲，本屆奧運會分文不出，要想辦奧運會，得組委會自己想辦法。同時，美國加州法律明文規定，禁止發行彩票以募集奧運會資金。83%的洛杉磯市民投票反對為奧運會提供任何經濟支持。不僅如此，奧運會籌辦之前，洛杉磯還欠美國奧會 10 萬美元，欠南加州 5 萬美元。這兩筆欠款是以上兩個組織幫助洛杉磯爭取到奧運會的主辦權而付出的勞動報酬。

在沒有國家和舉辦政府經濟資助背景下，尤伯羅斯的商業天才，臨危受命，創建了完全由民間私人商業組織主辦和運作的模式。

尤伯羅斯自掏 100 美元為奧組委設帳戶，尤伯羅斯以奧運會為平台，充分挖掘注意力的價值，設法減少投資規模、降低運營成本、增加收益，創造了新的奧運會盈利模式。在奧運會成功的同時，舉辦國家、舉辦城市、贊助商等都獲得了各自希望的利益。

1. 增加贊助收入

商業贊助並非始於洛杉磯奧運會，以前的奧運會也不乏贊助商，但多而雜亂，贊助收入不多。尤伯羅斯的助手喬爾想出了一個絕妙的主意：每個行業只選擇一家贊助商，贊助商總數限定為 30 家。

結果，這些看起來很苛刻的贊助條件使希望贊助的企業之間出現了空前的競爭，大大提高了商業廣告權的價值。因為參與贊助競爭的企業也覺得奧運會贊助不應該是低價。

例如，索斯蘭公司為了獲得贊助身份，還沒有弄清楚要贊助建造的一座室內賽車場是什麼樣的，就答應了組委會的條件。美國通用汽車公司一次就贊助了 700 輛奧運用車。

可口可樂和百事可樂歷來是對頭，每屆奧運會都是兩家交手的戰場。1980 年莫斯科奧運會百事可樂佔了上風，並因此增加了知名度，提高了銷售量。可口可樂決心在洛杉磯奧運會挽回面子。尤伯羅斯充分利用可口可樂和百事可樂志在必得的心態，獲得了可口可樂 1260 萬美元的贊助。

柯達與富士競爭奧運會贊助商的過程頗具戲劇性。1982 年，尤伯羅斯經過一年多時間的努力，與柯達公司簽訂價值 400 萬美元的贊助合約。但柯達公司的一位財務經理為了利息收入，故意拖延支付贊助款。因為每拖延一週時間，就能獲得幾千美元的利息。

富士膠捲乘虛而入，出價 700 萬美元，把柯達擠出去了。得知在家門口失去奧運會贊助合約後，柯達公司的高層經理非常氣憤，把那位擅自決定推遲簽約的自作聰明的財務經理炒了魷魚，透過輿論攻擊尤伯羅斯和洛杉磯奧組委背信棄義，唯利是圖。企圖挽回敗局，結果當然是無濟於事。

富士膠捲公司利用這次機會，在啟動奧運贊助計劃之後一兩年內，就把自己在美國市場的佔有率由 3%提升到 9%。

僅出售商業廣告承辦權，組委會就獲利 2 億多美元。

2.電視轉播權是大收入

尤伯羅斯和他的班子對電視轉播權的銷售進行了研究，發現出售廣告權的收益可以達到 3 億美元。組委會經過週密的研究，決定以 2 億美元的開價出售電視轉播權，並要求對方提供技術設備。美國廣播公司、哥倫比亞廣播公司以及全國廣播公司展開了角逐。最後，美國廣播公司以 2.25 億美元買下轉播權，並同意提供 7500 萬美元的技術設備。因此，電視轉播權總成交價在 3 億美元。

3.奧運火炬接力的財富源頭

尤伯羅斯連火炬接力跑也作為商品賣掉。「金錢面前人人平等」，參加奧運火炬接力跑是許多人夢寐以求的，尤伯羅斯規定，美國境內參加火炬接力跑的人，每跑一英里，交納 3000 美元。尤伯羅斯的做法引起了非議，但他仍我行我素，把 3000 萬美元的大筆款項收了上來。當然，這筆錢最終捐贈給了慈善機構。

由於爭議太大，以後的奧運會，沒有一個國家敢透過出售火炬接力的權利獲利。

4.節省開支和運營成本

洛杉磯奧運會只是新建了 3 個場館，其他設施利用洛杉磯市現有的場館設施。例如，運動員村利用了大學生宿舍，沒有新建。奧組委只有 200 多名正式員工，而 1976 年蒙特利爾有 2000 多名。洛杉磯奧組委採用志願者方式，節省了大量的人員開支。

洛杉磯奧運會只耗資 5 億美元，但獲得了超過人們預料的 2.25 億美元盈餘。大部份都流進了尤伯羅斯和組委會的腰包，國際奧會和各國奧會只分到一點殘羹。籌辦奧運會之初，尤伯羅斯就向國際奧會提出，不要國際奧會出資，但是作為交換條件，國際奧會必須同意做出相應的讓步，即把國際奧會按照慣例從電視轉播費中提取 8%的比例再降低。國際奧會答應了，這筆交易讓國際奧會後悔不迭。

1984 年的洛杉磯奧運會遭到了前蘇聯等東歐社會主義國家的抵制，否則掙錢會更多。尤伯羅斯向世人闡釋了體育新理念：體育也是一種產業，而且是潛力無限的新產業。

洛杉磯奧運會的商業模式成為後來奧運會效仿的模式。1988

年漢城奧運會、1992 年巴賽隆納奧運會、1996 年亞特蘭大奧運會以及 2000 年雪麗奧運會都將奧運會做成了賺大錢的生意。

曾經在體壇默默無聞的尤伯羅斯，因為在洛杉磯奧運會的籌備組織工作中表現出了傑出的才華，一舉聞名於世，成為新一代美國人的偶像。

◎ 把頭等大事擺在第一位

一天，一位公司的老闆去拜訪卡耐基，看到卡耐基乾淨整潔的辦公桌感到很驚訝。他問卡耐基說：「卡耐基先生，你沒處理的信件放在那兒呢？」

卡耐基說：「我所有的信件都處理完了。」

「那你今天沒幹的事情又推給誰了呢？」老闆緊追著問。

「我所有的事情都處理完了。」卡耐基微笑著回答。看到這位公司老闆困惑的神態，卡耐基解釋說：「原因很簡單，我知道我所需要處理的事情很多，但我的精力有限，一次只能處理一件事情，於是我就按照所要處理的事情的重要性，列一個順序表，然後就一件一件地處理。結果，都辦完了。」說到這兒，卡耐基雙手一攤，聳了聳肩膀。

「噢，我明白了，謝謝你，卡耐基先生。」幾週以後，這位公司老闆請卡耐基參觀其寬敞的辦公室，對卡耐基說：「卡耐基先生，感謝你教給了我處理事務的方法。過去，在我這寬大的辦公室裏，我要處理的文件、信件等，都是堆得和小山一樣，一張桌子不夠，就用三張桌子。自從用了你說的法子以後，情況好多了，瞧，再也沒有沒處理完的事情了。」

這位公司的老闆，就這樣找到了處事的辦法，幾年以後，他成為美國社會成功人士中的佼佼者。

心得欄

5

不斷創新模式的蘋果公司

時代華納前首席執行官邁克爾· 鄧恩說:「在經營企業的過程中，商業模式比高技術更重要，因為前者是企業能夠立足的先決條件。」

2010 年 5 月 26 日，美國發生了一件大事。這一天，蘋果公司以 2213.6 億美元的市值，一舉超越了微軟公司，成為全球最具價值的科技公司。然而在 2003 年初，蘋果公司的市值也不過 60 億美元左右。一家大公司，在短短 7 年之內，市值增加了近 40 倍。蘋果公司的發展，可以說是企業史上的奇蹟。而這些業績的取得，源於它不斷地創新，產品的創新和商業模式的創新。

商業模式的創新貫穿於企業經營的每個環節中，一個成功商業模式的創新不一定必須體現在技術上，也可以是企業運營的某一個環節如企業資源開發、研發模式、製造方式、行銷體系、市場流通等的創新，或是對原有模式的重組、改造，甚至是對整個商業規則的顛覆，所以可以說在企業經營的每一個環節上的創新都可能變成一種成功的商業模式。蘋果公司在創新方面，可謂發揮得淋漓盡致。

1997 年，約伯斯回到蘋果做的第一件事情，是重新塑造了蘋果的設計文化，推出了 iMac，讓蘋果電腦重新成為「酷品牌」的代表。

2001 年，約伯斯推出了 iPod，進入音樂播放器市場。

2003 年，蘋果推出了 iTunes。iTunes 的存在能夠讓更多人更方便地下載和整理音樂，受到了來自用戶和合作夥伴的廣泛支持。這時候的蘋果公司，不僅僅靠賣 iPod 賺硬體的錢，還可以透過 iTunes 賺音樂的錢。短短 3 年內，iPod＋iTunes 組合為蘋果公司創收近 100 億美元，幾乎佔到公司總收入的一半。

2007 年，蘋果公司發佈了 iPhone，掀起了一場手機革命。除了產品設計本身的創新之外，蘋果公司還沿用了 iTunes 在 iPod 上的引用，在 2008 年推出了 APP Store，並和 iTunes 無縫對接。iPhoneq＋App Store 的組合，為蘋果引領手機革命賦予了主導地位。

2010 年初，蘋果又推出 iPad。這款產品採用了和 iPhone 同樣的作業系統，外觀也像一個放大版的 iPhone，在應用軟體方面也沿用了 iPhone＋APP Store 的模式。雖然這款產品存在很多爭議，但無疑受到了「蘋果粉絲」的狂熱擁護，每週的銷量超過 20 萬部，並被公認為會顛覆未來的出版行業。

同樣是創新，從 1997 年到 2003 年，蘋果側重於產品創新，雖然也獲得消費者的認可，但在體現公司市值方面不甚理想。而到了 2003 年以後，由於商業模式的創新，蘋果創造了一個商業史上的奇蹟。蘋果公司的過人之處，不僅僅在於它為新技術提供時尚的設計，更重要的是，它把新技術和卓越的商業模式結合起來。

一個成功的商業模式，第一步就是要制定一個有力的客戶價值主張，也就是如何幫助客戶完成其工作。蘋果真正的創新不是硬體層面的，而是讓數字音樂下載變得更加簡單易行。利用 iTunes＋iPod 的組合，蘋果開創了一個全新的商業模式——將硬體、軟體和服務融為一體。商業模式的創新對價值進行了全新的定義，為客戶提供了前所未有的便利。

另外，對於蘋果而言，iPhone 的核心功能就是一個通訊和數碼終端，它融合手機、相機、音樂播放器和掌上電腦的功能，這種多功能的組合為用戶提供了超越手機或者 iPod 這樣單一的功能。蘋果的 App Store 擁有近 20 萬個程序，這些程序也是客戶價值主張的重要組成部份。蘋果在用戶體驗方面也做得非常出色，這些都是蘋果提供的客戶價值主張。

在實現客戶價值主張的同時，制定盈利模式是成功的商業模式的第二步。對於蘋果公司而言，盈利路徑主要有兩個：一個是靠賣硬體產品來獲得一次性的高額利潤，二是靠賣音樂和應用程序來獲得重覆性購買的持續利潤。由於優秀的設計，以及超過 10 萬計的音樂和應用程序的支援，無論是 iPod、iPhone 還是 iPad，都要比同類競爭產品的利潤高很多。同樣，由於有上面這些硬體的支援，那些應用程序也更有價值。因此可以看出，明確客戶主張和公司盈利模式方面的創新，在為客戶創造價值的同時，也為公司創造了價值。

要如何創新自己公司的商業模式呢？正如蘋果公司做的那樣，第一步就是要明確客戶主張。也就是說要明確客戶到底需要什麼？管理大師德魯克有句名言：「企業的目的不在自身，必須存在於企業本身之外，必須存在於社會之中，這就是造就顧客。顧客決定了企業是什麼，決定企業生產什麼，企業是否能夠取得好的業績。由於顧客的需求總是潛在的，企業的功能就是透過產品和服務的提供激發顧客的需求。」這就意味著，公司要去發現一個新的市場。在準確把握消費趨勢的前提下，站在市場前面引導市場，透過持續的技術創新使自己始終處於行業領先地位。

從蘋果公司的高成長奇蹟來看，高成長的公司對於趕超或打敗競爭對手其實並不感興趣，他們真正感興趣的是，在成熟的業態下創造與眾不同的市場。這樣的市場創造並不遙遠，而是在沒有人注意的地方開創出一片藍海。

這種創新原則在不斷指導企業優化他們的商業模式，指導企業創新，開闢新的藍海，並走向資本市場。蘋果的成功，也告訴我們面對技術進步和需求複雜化帶來產品和產業的融合時，創新與突破、不斷培育自身的核心競爭力，才是創業者在激烈競爭中能夠生存與發展之道。

新的生產技術會改變盈利大格局

福特公司的大批量生產方式，降低生產成本，改變整個格局，在當時贏得市場佔有率。

福特汽車公司是世界第一大卡車生產廠家，也是世界第二大汽車生產廠家。

福特汽車公司成立於 1903 年 6 月 16 日，由亨利· 福特和 11 位合夥人在美國密歇根州創立。福特汽車成立後僅幾個星期，便向加拿大的一位客戶售出了一部 A 型汽車，從此開始了福特走向世界的偉大歷程。10 年之間，福特汽車已經銷遍歐洲、南美和亞洲。

汽車作為需求收入彈性大的產品，要獲取高額利潤回報，必須要降低價格，擴大銷量，因此降低產品成本十分必要。福特的目標非常明確，就是要製造工人們都買得起的汽車。

浪費和貪求利潤妨礙了買主的切身利益。浪費是指在完成某一工作時花費了多於這項工作所需的精力，而貪圖利潤則是由於目光短淺。應該以最小的物力和人力的損耗來進行生產，並以最小的利潤將貨銷出，以達到整個銷售額的增加，即「薄利多銷」。為了實現這一經營思想，福特運用不同的經營手段，對產品的標準化、生產過程、勞資關係、成本等進行了一系列改革，創立了一套獨特的

「薄利多銷」的經營途徑，使他在 20 世紀 20 年代的同行業中獨佔鰲頭。大批量生產方式居於這一獨特經營思想的核心，而大規模裝配線是實現大批量生產的主要手段。

福特的構想是：建立一條輸送帶，把裝配汽車的零件用敞口的箱子裝好，放到轉動的輸送帶上，送到技工的面前。換言之，負責裝配汽車的工人，只要站在輸送帶的兩邊，所需要的零件就會自動送到面前，用不著再自己費事去拿。

這一設計非常好，節省了技工們來往取零件的時間，裝配速度自然加快了。可是實際使用之後，卻發現了一個很大的缺陷：由於輸送帶是自動運輸的，前半段比較簡單的裝配手續非常適用；到了後半段，向車身上安裝零件時，手續比較麻煩，技工們趕不上輸送帶的速度，往往把送過來的零件錯過了，而這些在輸送帶上沒有來得及取下的零件，都堆積在地板上，妨礙了輸送工作。沒過多久，福特想出了改進的辦法，建立了一種新的生產線。他挑選一批年輕力壯的人，拖著待裝配的汽車底盤，通過預先排列好的一堆堆零件，負責裝配的工人就跟在底盤的兩邊。當他們經過堆放的零件前面時，就分別把零件裝到汽車底盤上。

這一改進，使裝配速度大大提高：以前要 12 個半小時才能裝配好一部車，現在則只需要 83 分鐘就完成了。這一驚人的改進效果，不僅使 T 型車加快了普及率，也成為其他汽車製造廠改進生產線的範本。福特被譽為「把美國帶到輪子上的人」，就是從這時候開始的。他改進了裝配速度，降低了成本，各公司的廉價車不久都紛紛出籠。這是使美國汽車工業真正起飛的重要因素。

走上生產線的人都要全神貫注，所以他們都自稱「機械人」。實際上，他們也真像輸送帶兩邊的機器，配合轉動的節奏，把零件裝到車上，動作是千篇一律的，時間快慢也是一定的。福特的經驗是進行大批量的生產，首先零件要具有通用的性能，就是產品的標準化。零件無論在外型、大小、顏色上完全一致，這樣，在快速裝配線運轉時，就不會因零件的大小不同而浪費時間，同時顧客也容易保養。

在實現產品標準化的基礎上組織大批量生產，以連續不停的傳送帶裝配線組織作業，創造出極高的工作生產率。1912 年，用傳統的生產方法進行生產的最後一年，福特公司共生產了 7.84 多萬輛汽車；次年，利用流水線來裝配磁電機和汽車底盤後，生產的汽車達到了 19 萬輛左右；1914 年，隨著這一系統進一步完善，共有 23 萬多輛 T 型車駛出流水線。

福特公司的這種大批量生產方式，不但降低了生產成本，滿足了社會需求，最重要的是佔有了大部份市場。

◎ 快速行動，快速發財

一個以色列的年輕人和一個美國的年輕人在一艘船上偶然相遇了，在聊天中他們發現彼此都有著在異國他鄉闖蕩的志向。下碼頭時，一艘豪華遊艇在他們面前緩緩駛過，二人羨慕異常。以色列人率先說：「假如有一天我也能擁有這樣一艘船，此生當不屬虛度。」美國人也使勁點了點頭。

午餐時間到了，他們的肚子都唱起了「空城計」，於是他們四處搜索吃飯的地方，結果發現一個快餐車旁圍著好多人，生意很不錯。以色列人對美國人說：「如果讓我們來做速食生意，也許可以發大財呢！」

美國人說：「嗯，好主意！但是旁邊的咖啡廳生意也很興隆，何不再考慮考慮呢？」

結果兩人誰也沒辦法說服誰，從此各奔前程。

一擁而別之後，以色列人很快把所有的錢都用於投資速食店上。經過艱苦奮鬥，以色列人用 8 年的心血換來了很多家速食連鎖店的建立，以及一大筆財富。於是以色列人用自己掙到的錢買了一艘豪華遊艇，提前實現了他的夢想。

有一天，他駕著遊艇準備去遊玩時，發現碼頭上一個衣衫不整的男子從遠處走了過來，近了才發現他就是原來在船上相識的美國人。他問美國人：「8年時間，你都在做些什麼呢？」

美國人頹廢地說：「8年來，我時刻都在想，什麼才是我最合適從事的職業呢？」

沒有明確的目標，有明確目標後卻猶豫不決不能付諸實施，這樣的人是不能有成就的。成功者有一個共同的特點：鎖定目標，立即付諸實踐，努力拼搏，不達到目標誓不甘休。

・你有足夠的勇氣嗎？

・你總是躲在別人身後，還是站在他人身前？

財富不會給懦弱的人機會，也不會一直等你到地老天荒。賺錢是積極的、迅速的事情。現在我們都處在市場經濟環境下，經濟高速發展，市場變化萬千，賺錢的機會瞬間即逝，你慢了一步，錢就被別人賺去了。

心得欄 ------------------------------

7

傳統產業要與 Internet 網路的結合

商業模式的設計要結合具體的時代環境。隨著 Internet 的快速普及，傳統行業也紛紛把目光聚向網路，利用網路的優勢，為企業發展再創活力。因此，商業模式也發生了一些新的變化，呈現出傳統產業與 Internet 結合的新趨勢。

傳統產業與 Internet 的結合有兩種方式：

傳統企業利用 Internet、利用高科技和豐富的信息透過拓寬業務領域和盈利空間，改造企業自身的商業模式，提高持續盈利的能力，從而使企業更具有競爭力。

傳統企業在 Internet 上落地，即嫁接。傳統企業是 Internet 的重要組成部份，傳統企業如果與 Internet 結合得比較好，會產生共贏的局面，也可以產生倍增的效果。如前程無憂、攜程等，他們都是傳統商務和 Internet 的巧妙結合，由此獲得了一個超速的發展。

前程無憂實際上是一個網上仲介，也可以把它看成面向個人的電子商務。前程無憂巧妙地將傳統的仲介業務在 Internet 上落地，並產生了共贏的局面。從而帶動了把仲介業務搬到網上的風潮，當然在其他領域也同樣可以獲得成功。

對於任何企業，產業的縫隙處，很多時候就是空白地帶，不僅僅是新老經濟之間，在新經濟與新經濟之間，在兩個傳統產業之間，都有很多機會，只要創業者能找到確切的結合點。

中國的前程無憂公司是人力資源服務機構。它集合了傳統媒體、網路媒體及先進的信息技術，加上一隻經驗豐富的專業顧問隊伍，提供包括招聘獵頭、培訓測評和人事外包在內的全方位專業人力資源服務。

2004 年 9 月，前程無憂公司成為首個在美國納斯達克上市的中國人力資源服務公司，融資 8000 多萬美元，標誌前程無憂的發展進入一個新的里程。

前程無憂將傳統的仲介業嫁接到 Internet 領域，利用網路的優勢，為客戶提供更多的便利。前程無憂服務包括：

1. 幫助求職者尋求職位

前程無憂依託廣泛的服務網路和先進的技術保證，為求職者提供各種行業的職位，如信息技術、電子、金融、化工、物流、廣告等。前程無憂為會員提供簡歷範本，會員完成簡歷的填寫後，簡歷將被存儲在網站的簡歷庫中，會員也可以隨時更新。個人在線求職管理中心就是一個屬於會員個人的網上免費求職管理中心。求職者可以修改簡歷、搜尋招聘職位、查閱投遞簡歷記錄、獲取求職意向分析。為適應不同行業及求職者不同程度的求職需求，前程無憂透過提供不同的頻道，如 Executive、IT 人才、學子前程等以滿足不同的求職人員。

前程無憂還為求職者提供個性化的職位搜索方式，求職者可以根據自己的求職要求，建立職位搜索器，前程無憂網站會定期地將符合求職者要求的職位投遞到求職者指定的郵箱中，幫助求職者在尋找職位的同時節省許多時間。

2.幫助企業尋求人才

隨著網路的發展，越來越多的企業透過 Internet 進行招聘工作。前程無憂透過對企業招聘工作的細緻研究，幫助招聘單位尋找他們需要的合適的人才。前程無憂推出了與企業組織結構完全吻合的企業職位庫管理系統、招聘廣告自動投放管理系統以及適合企業運作的招聘流程管理系統。這些管理系統以最合適的方式將外來的應聘者信息傳遞到企業內部各個相關部門，協助人事管理人員最高效的完成招聘工作，使企業能更快更有效地找到符合條件的人才，幫助人事招聘人員解決每天繁複的機械勞動。高品質的簡歷庫查詢系統，也為企業提供最為便捷的求才途徑。

3.為企業提供培訓

無憂培訓為企業提供全方位的專業化的培訓服務，包括公開培訓、企業內部培訓和戶外培訓服務等，內容涉及管理、銷售、財務、人力資源和個人技能諸多方面。

4.提供薪酬調查報告

基於數百萬簡歷裏面的薪資信息，加上輔助的調查和分析，客觀地反映人才市場的薪酬行情，為企業進行薪酬管理提供科學的依據，為吸引、留住、激勵人才打下堅實的基礎，幫助企業實現薪資結構最優化達到事半功倍的效果。

5. 人事外包服務

前程無憂是中國唯一真正實現全國服務平台的人事外包供應商。根據企業的實際需求，提供專業人力資源事務服務，使企業不但可以及時引進先進的人事管理模式，規避政策風險，提高員工滿意度，還可以為企業節省大量事務性工作所耗費的人力、資金和時間。服務內容涵蓋員工錄用、社保繳納、薪資代算代發、體檢及其它多項員工福利等。

6. 其他功能

簡歷分析器：將各種形式的電子簡歷自動轉換成統一格式，便於處理。

簡歷訂閱器：根據您的要求，將符合條件的簡歷定期發送給您。

職位考核標準及評定：為不同職位設定不同的考核項目，以便對應聘者做出有針對性的評價。

心得欄 ----------------------------------

8

建立成功商業模式之秘笈

卓越的商業模式能夠為公司業務保駕護航。強大的商業模式能夠為我們帶來難以撼動的競爭優勢。

1. 提高客戶的轉換成本

如果你的消費者改用別家產品，他會不會很困難或者耗費繁多?

在提高轉換成本方面，雀巢做出了一個好示範。雀巢公司向公司和家庭都出售咖啡機與咖啡豆，一旦你買回了咖啡機，就意味著還會繼續消費咖啡豆。事實上，直到 2011 年一些相關專利到期，在那之前你的雀巢咖啡機只能適用同品牌的咖啡豆。

消費者因為咖啡機而被鎖定在了雀巢咖啡豆上，他們很難改用其他競爭品牌的咖啡豆，除非換一台咖啡機。

其他的應用實例：iPod，卡帶遊戲機，剃鬚刀片，印表機和墨水匣等。

2. 獲得被動式、經常性的收入

銷售代表在費力簽下新訂單後，客戶在產品或服務到期之後還會自動續費嗎?他們能為你帶來持續性的收入嗎?

你也許並沒有意識到自己的很多購買行為都會導致後續的銷

售。但是在亞馬遜向你出售 Kindle 電子書的時候就已經知道你會回來繼續購買電子書，為內容而付費。

在軟體行業中也可以看到它們的商業模式正從一次性銷售軟體轉變到按月或者按年收取使用費。

依靠經常性收入商業模式的公司，特點就在於他們的初次銷售通常可以帶來很大的回報率或者是客戶的獲取成本高昂。如果企業要依靠不斷尋找新的客戶去獲取交易收入，就會耗費太多的成本。

3.在支出之前，就先行獲得收入

你能夠在花費之前就先賺錢嗎?在你付出生產成本為客戶創造價值之前，能否先行獲取收入?

戴爾在上世紀 90 年代在電腦製造與銷售行業中開創了這種革命性的新型商業模式。按照傳統模式，電腦製造商會先生產出電腦(投入生產成本)，然後通過零售商將其銷售出去。這些電腦會在貨架上靜靜等待被買走，如果等待時間太長過時了就開始貶值。在這種傳統的商業模式之中，電腦製造商在獲得收入之前要進行漫長的等待。

戴爾徹底顛覆了這個模式，他將電腦直接賣給消費者，並且是在拿到訂單的基礎上才開始組裝電腦。他們採用了準時生產模式盡可能地讓銷售環節和交付產品環節之間的錯位最小化。不同于之前的傳統模式，戴爾在獲得收入之前並不需要花費過多，同時也減少了庫存貶值的風險。

4.改變成本結構

面對你的成本結構，你能否進行革命性的改造而不僅僅是極力削減?你是否意識到了競爭對手可能會通過最為基礎的成本結構變換給你致命打擊?

耐克（NIKE）通過在跑鞋中運用 Flyknit 技術一舉改變了自己的成本結構。在使用 Flyknit 技術之前，耐克的跑鞋都是由工廠裡的工人生產出的 30-40 片構件拼接而成，這一廉價勞動力密集模式不僅成本高昂，還飽受人權組織的詬病。

之後，耐克發明出了如今被稱作「微精細工程」的製造技術，在這一製造過程中將由軟體操作在一台針織機針對一塊面料織出鞋面整體部分。這一新技術將勞動力成本降至最低，同時還降低了從那些廉價勞力區域運輸至銷售市場的運輸成本。

如今，耐克可以在任何靠近銷售市場的地方生產鞋子。Flyknit 技術的好處可不止於此，耐克的 Flyknit 跑鞋不僅僅生產成本降低了，它還比競爭對手的跑鞋更輕巧好穿。

5.利用別人為自己工作

你的商業模式能夠讓消費者或者協力廠商自願且免費地為你創造價值嗎?

著名的例子是 Facebook 公司，該公司的商業模式完全倚靠于使用者創造的內容。事實上，Facebook 上的數十億使用者通過發佈資訊、圖片以及其他內容一直在為該公司免費工作。如果沒有這些熱衷於創造內容的使用者，該網站根本就不值錢。

在上世紀 50 年代到 60 年代，特百惠就將他們的目標客戶即那些滿懷熱情的家庭主婦投入到自己最有力的直銷管道中。這家廚房用品公司利用他們的老客戶群體進行口碑傳播，並且讓這些熱情的主婦們在著名的「特百惠派對」上向別的主婦推銷公司的塑膠餐具。

這一策略的使用讓特百惠公司收入大漲，也免去了為雇傭銷售人員和進行市場行銷而花錢。

宜家（IKEA）也是這方面的典範，客戶從賣場充滿 DIY 激情地購買回傢俱並進行組裝，而組裝傢俱這一工作通常都是由傢俱製造商來完成的。

6.有效規模擴張

你的商業模式能顧讓公司業務快速簡單地擴大規模、避開障礙(比如基礎設施投入或者用戶認可嗎?

如果擁有一個相對穩定的商業模式能夠滿足客戶日益增長的需求，那麼相比那些需要不斷調整策略的公司而言就獲得了顯著的競爭優勢。

想想 Uber 在這方面的做法，它將許許多多的私家車主轉化為計程車司機。在 Uber 的商業模式之中，無論加入平臺的消費者是 5000 人還是 50000 人，公司都不需要重新配置設施。，而且 Uber 的商業理念還吸引了更多的開車人加入其中，因為在這個平臺上消費者與司機都有多種選擇。

WhatApp 也採用了通過電子化平臺進行最大規模擴張的模式，WhatApp 僅僅需要用 60 個雇員就可以為 4 億使用者提供服務。

除了這些互聯網公司之外，實體企業也能夠進行規模擴張。在麥當勞使用特許經營模式擴大餐廳覆蓋範圍之前，其實在餐飲行業中是很難進行有效的規模擴張的。授權經營方式，是一種有效的進行規模擴張的商業模式，它適用於多種行業。

7. 防止競爭對手

你的商業模式能夠在多大程度上讓你免於殘酷的競爭?

想要做到這一點需要你彙集所有商業模式的優點去保護自己的業務不被競爭對手吞噬。

就拿蘋果公司來說吧，雖然它是智慧手機行業的領導性企業，但是實際上你可能會說在蘋果手機之外還有其他更好的手機。然而蘋果的商業模式卻為它築起了一道護城河，想要顛覆它的市場地位是異常困難的。

比如說蘋果公司的 App Store，它將難以計數的手機程式開發者和數百萬 iOS 用戶連接起來，該平臺上為用戶隨便搜索就可以出來成百上千的應用程式。這種行業生態一旦建立是很難被複製的，這種競爭優勢其實已經無關技術的高低。即使別的公司具備了最好的技術，也很難撼動蘋果的市場份額。只有穀歌可以依靠其 Android 作業系統能夠與蘋果相抗衡。

9

盈利模式決定企業生死

各行各業以盈利爲核心的時代已經到來,「爲銷量而銷量」、「爲品牌而品牌」的時代已經過去。盈利模式決定著企業的生死，勝利只屬於「對現金流和利潤近乎瘋狂的傢夥」！

「向世界 500 強衝刺」、「要做大還要做強」、「實施品牌戰略」、「低成本擴張」、「打造完整營銷體系」、「終端爲王」、「執行力提升」、「建立學習型組織」、「深度營銷」、「創新營銷」……這些企業界、管理界和營銷界最熱門的話題，這些各類諮詢公司最熱門的服務產品，有些已經熱了很久，有些正在成爲時尚；有些你或許已經實施，有些或許正在實施。不管你的決定如何，作爲企業經營管理者你都要認真地問:「這些對利潤有貢獻嗎？」而且還要進一步追問「爲什麼有貢獻？是如何貢獻的？」因爲只有在經營中的企業經營者最明白：企業是否盈利而且是否能夠持續盈利才是關鍵，也是最終標準。所有這些都只是過程和手段；在企業實現盈利之前，這些五花八門的說法和概念在企業內看得到的都只是代價和成本。

據統計，新企業平均壽命不到 7 年，產品生命週期更短,「好產品不過 3 年」。在所有短命企業衰敗的各種因素中，忽視甚至忽略企業的盈利是最普遍、最根本的原因。「品牌不強」、「產品創新不足」、「管理不善」等等，都只是現象之一，因爲「建立強勢品牌」、「如何創新」、「什麼叫管理完善」等之類的課題不是一蹴而就的，而且這些只是企業盈利的工具，不是企業的使命，更不是企業存在的根本意義。企業的決策和資源配置若沒有緊緊與「如何提高盈利水準」和「如何提高持續盈利能力」結合，企業就可能在發展過程中倒下。面對激烈甚至是慘烈的市場和資源的競爭，即使是企業巨頭也絲毫沒有鬆懈的理由。

現在正是各種社會矛盾的凸顯期，各行各業所面臨的壓力不再只限於行業之間的市場爭鬥。能源緊張、基礎原材料價格上漲、匯率變動、消費者持幣觀望、產業製造過剩、供應商與零售商的矛盾等等，這麼多年積累下來的經營矛盾已經到了集中爆發的時期，它們都將對企業的經營構成巨大的壓力。經營環境和競爭方式的這些變化，已經遠遠超過營銷等技術所能操作的範疇，更不是傳統思維方式和知識所能夠解決的。

現在的問題不再是產品同化、管道同化、促銷同化等簡單的營銷同化問題，致命的是企業盈利模式已經開始同化。這種同化昭示著很多企業的利潤來源從想法到做法都高度相像，這也是爲什麼說「營銷問題在營銷層面找不到根本答案、只有通過盈利模式創新才能解決」的理由所在。

所有的一切，逼迫企業必須改變已經習以爲常的思考，必須一切從盈利創新出發，重新設計企業的運營模式，企業盈利模式設計變成了企業的生命線，並變得從來沒有像今天這樣的急迫和重要。企業要安身立命、成長壯大，盈利模式的建立是根本。

10

販賣咖啡膠囊的咖啡機

20 年前，雀巢公司開發了一個讓顧客在自己家中就可以製作出一杯新鮮蒸餾咖啡的系統。這系統由一枚咖啡膠囊和一架儀器兩部份組成。咖啡膠囊含有 5 克烘烤過的咖啡並用鋁膜封口；儀器則由 4 個零件組成：一個把手、一個盛水的容器、一個氣泵和一個電子加熱系統。該系統使用也很簡單：將咖啡膠囊放入把手，插入機身，在此過程中咖啡膠囊的頂端被刺穿，按下按鈕，加壓過的水蒸氣就會透過膠囊，這樣，一杯泛著乳沫的優質蒸餾咖啡就完成了。這樣創意鮮明、系統構造和用法也很簡單的系統本該有巨大的市場應用前景，但在如何商業化的道路上，雀巢公司卻走了一條曲折的道路。

最開始，盈利模式主要在於想透過販賣機器而賺錢。雀巢成立了一個奈斯布萊索公司專門負責這項業務。奈斯布萊索在 1986 年進入市場，採取的商業模式可以概括為：定位於辦公、酒店等中高檔市場，構築從原料（咖啡膠囊）、機器（特製咖啡機）到管道終端的一體化完整業務鏈條。奈斯布萊索公司與瑞士的經銷商索伯爾建立了一個合資企業。作為資源整合者，這個合資企業從另一家瑞士公司特密克斯購買煮咖啡的機器，從雀巢購買咖啡膠囊，然後將所有的東西作為一個整體銷售給辦公室和酒店。同時，由奈斯布萊索支持合資企業的銷售、市場行銷工作，並負責保養維修機器。

直到 1988 年，雀巢公司蒸餾咖啡項目都還沒有啟動起來，雀巢總部考慮凍結這個項目。此時，讓包羅· 蓋勒德參與了該項目。蓋勒德曾是奈斯布萊索公司的業務經理，在改名後的雀巢特製咖啡有限公司擔任首席執行官。這個任命在無意中改變了該項目的命運。在 1988～2000 年，蓋勒德透過引入新的盈利模式，扭轉了蒸餾咖啡項目慘澹的經營局面，把這個項目變成了雀巢旗下一個盈利可觀、日益壯大的業務單位。

蓋勒德重新審視這個項目，認為咖啡方面的運作應與機器方面的可以運作分離，根據能力集聚的不同拆分為兩個獨立的盈利點，就改變了以前從原料到終端全部參與的做法，而專注於具備優勢且能夠持續盈利的環節，同時充分借助外部力量，共用蒸餾咖啡這種新產品帶來的收益，蓋德勒大刀闊斧地引入了幾項有力的改革措施。

在機器方面，蓋勒德讓奈斯布萊索從咖啡設備的機器生產中完全解放出來，而把機器授權給經過精心挑選過的生產商生產並投放到市場。這些生產商包括克魯普斯、松下、特密克斯以及飛利浦等世界著名的小家電生產商。生產商把奈斯布萊索機器賣給諸如哈洛德、老佛爺和布魯明代爾百貨這樣的著名零售商。在奈斯布萊索的指導和控制下，零售商負責推銷、展示，並向終端用戶出售機器。此外，克魯普斯、松下、特密克斯和飛利浦等機器生產商還負責機器的維修和保養。

在一直專注的咖啡方面，公司則中止了與索伯爾的合作，轉而由奈斯布萊索有限公司（後來的雀巢特製咖啡有限公司）直接負責咖啡膠囊的市場推廣和產品供應。在新模式下，蒸餾咖啡的目標客戶也從辦公室轉為一般家庭。需要配合咖啡機使用且經常消耗的咖啡膠囊透過「俱樂部」的形式供應。一旦顧客購買了任何一個生產廠商生產的蒸餾咖啡機，就會自動成為奈斯布萊索俱樂部的成員。需要訂購咖啡膠囊時，顧客只需給俱樂部打個電話或發個傳真，膠囊就會在 24 小時內送至顧客家中。

奈斯布萊索公司前期的盈利模式是透過銷售咖啡機獲取一定的機器利潤，然後再透過持續的蒸餾咖啡膠囊的銷售獲取利潤，也就是所謂的「刮鬍刀-刀片」模式；而後期的盈利模式則相對簡化為以咖啡膠囊銷售而帶來的利潤為主，許可咖啡機生產獲取的收益為輔。

到 2000 年時，俱樂部每天已能收到 7000 份訂單！

盈利模式指企業如何獲得收入、分配成本、賺取利潤。盈利模式是在給定業務系統中各價值鏈所有權和價值鏈結構已確定的前提下，企業利益相關者之間利益分配格局中企業利益的表現。良好的盈利模式不僅能夠為企業帶來收益，更能為企業編制一張穩定共贏的價值網。

雀巢蒸餾咖啡項目一開始提供的是蒸餾咖啡的全套解決方案，採用的業務系統集成性比較高，需要的投資規模大，現金收入減去現金投資後的自由現金流以及資本收益反而比較低。後期修改經營方式，僅僅負責咖啡膠囊的品牌管理和銷售，將咖啡機的生產、銷售、管道建設、維護等都交給了合作夥伴。雖然現金收入規模減少，但更減少了自身的現金投資規模，降低經營成本，提高經營效率和資本收益，自由現金流和投資價值反而因此增加。

◎ 幹一樣的活，懷不一樣的夢

夏季烈日炎炎，一群工人在鐵路旁邊修路基。一列漸漸減速的列車中斷了他們的工作。列車終於停了下來，最末尾一節特製冷氣車廂的窗戶打開了，一個低沉友好的聲音響起：「大衛！是你嗎？」

大衛・安德森正是其中的一個鐵道工，他回答說：「是我，吉姆，見到你真的很高興。」之後，便是一段讓人愜意的長談，長達一個多小時，最後兩人熱情握手道別。

大衛・安德森重新回到工地，他的下屬立刻圍了過來，他們很難相信他居然會有一個做總裁的朋友。大衛緩緩地說，20年前，他和他這位朋友吉姆・墨菲曾共同為這條鐵路工作。

有一個人以玩笑的口氣問大衛：「為什麼 20 年後你仍在驕陽下做苦力，但吉姆・墨菲卻成了總裁，坐在有冷氣的特製車廂裏呢？」

大衛心痛地說：「20 年前，我在為著 1 小時 1.75 美元的薪水做事，但是他真的是為這條鐵路以及乘客在工作。」

20 年前，大衛和吉姆做著同樣的工作，但是 20 年後兩人卻處境迥異。同樣的起點，卻有了不一樣的結局，這樣的事情並不少見。人們或許要問：

・為什麼同樣是為別人打工的人，有的人後來成了老闆，有的人卻始終為別人打工？

・不同的夢想對人的事業究竟有多大的影響？

這個問題的答案很簡單。夢想是人的嚮導，一個沒有夢想的人只能渾渾噩噩地走過一天又一天，最終一無所獲。

心得欄 ________________________________

11 虛擬經營模式的美特斯集團

美特斯· 邦威公司始建於 1995 年，主要研發、生產、銷售品牌休閒系列服飾。目前擁有美特斯· 邦威上海、溫州、北京、杭州、重慶、成都、廣州、瀋陽、西安、天津、濟南、昆明、福州、寧波等分公司。美特斯· 邦威是集團自主創立的本土休閒服飾品牌。1995 年 4 月 22 日，公司開設第一家美特斯· 邦威專賣店，後為美特斯· 邦威在全國設有多家專賣店。面對未來，美特斯· 邦威集團公司將抓住機遇，加快發展，立志實現「百億企業，百年品牌」的戰略目標，實現「年輕活力的領導品牌，流行時尚的產品，大眾化的價格」這一願景，力爭打造世界服裝行業的知名品牌。

美特斯· 邦威也有過死裏逃生的過程。在 1997 年，企業一度接近垮臺，員工走了大半。

2001 年，美特斯· 邦威的銷售額超過了 8 億元(人民幣)，業界也開始認可它的經營模式。

一、虛擬經營的美特斯· 邦威公司

美特斯· 邦威上市了！其市值達到 200 億元。美特斯· 邦威憑什麼估值這麼高？憑優異的商業模式！營業利潤從 2005 年的百萬級到 2007 年的億萬級，美特斯· 邦威僅僅用了三年時間就走過了中國很多企業幾十年才走得完的路，這種成就絕不是僥倖。

美特斯· 邦威到底有什麼過人之處，又有什麼地方是值得我們借鑑的呢？

如今，「美特斯· 邦威」已成為家喻戶曉的服裝品牌，一年銷售 2000 多萬件(套)，是中國最大的休閒服裝集團之一。2005 年，由中國企業聯合會和中國企業家協會首次推出的中國製造業企業 500 強排名表上，美特斯· 邦威集團以營業收入 20.21 億元的業績，躋身中國製造業企業 500 強之列。

1995 年，當過縫紉師傅的浙江人周成建在溫州老家開了第一家美特斯· 邦威專賣店。與其他經營者不同，周成建自己不建廠房，而是利用社會上閒置的生產能力，通過定牌生產，走品牌連鎖經營之路。眾多的服裝生產廠家經過周成建的嚴格選擇和認證，迅速成為美特斯· 邦威的製造商；同時，通過吸引加盟商加盟，拓展連鎖專賣網路，周成建快速解決了市場銷售的網路問題。周成建和他的團隊則集中精力進行市場行銷和款式設計。就這樣，一個金點子在周成建手裏化成了一個生龍活虎的企業，短短兩年，頗具規模的美特斯· 邦威集團在溫州誕生，並跑到了同行前列。5 年之後，集團已經在上海、北京、成都、廣州等設立了 10 多家分公司。

隨著業務的發展，周成建和他的團隊早已不滿足於傳統生產模式。現在集團在產品設計開發上，已經培育了一支具有國際水準的設計師隊伍，如與法國、義大利、香港等地的知名設計師開展長期合作，每年設計服裝新款式達到了 1000 多種。在品牌效應上，全國已經有 200 多家生產廠家為公司定牌生產；通過拓展加盟商網路，集團已經形成了與加盟商共擔風險、共同發展、雙贏互動的格局。

1. 虛擬經營

休閒服裝發展的空間巨大。自 20 世紀 90 年代以來，休閒服裝在消費者中成為消費時尚。據不完全統計，目前專業的休閒服裝生產廠家已達萬餘家，中國休閒服裝品牌多達 2000 多種，休閒服裝在服裝產業中漸居主要地位。美特斯· 邦威自 1994 年進入休閒服裝市場，在企業資源有限的情況下面臨著如何發展的問題。

當時，美特斯· 邦威資金實力不足，而市場規模在急劇擴大，孤注一擲，提出了以創新求發展、借助外部力量求發展的思路，從而在中國服裝業率先走出了虛擬經營的路子。

虛擬經營源於「虛擬企業」概念。虛擬企業是為了快速回應某一市場機會，通過管理信息系統網路，將產品涉及的不同企業臨時組織成沒有圍牆、跨越空間約束、靠電腦網路聯繫、統一指揮的協作聯合體，這個聯合體隨著市場機會的存亡而聚散。

從服裝行業價值鏈分析，附加值高的部份主要集中在品牌、設計環節。

在摸索中，美特斯· 邦威將核心業務確定為品牌、設計。實質上，美特斯· 邦威通過掌握核心環節，變成了對協作群體起輻射作用的管理型企業。美特斯· 邦威將服裝生產業務進行外包，由其他廠家進行定牌生產，銷售上則通過代理商加盟，拓展連鎖專賣網路。

2. 生產外包

擴大生產規模是一個企業發展的必經階段。美特斯・邦威迫切需要擴大生產規模，但缺乏資金實力，於是採用定牌生產的方式，將生產業務外包給實力雄厚的協作廠家，把握了生產的主動權。其主要表現在以下幾個方面：

美特斯・邦威對協作企業有嚴格的選擇標準。質檢部對候選廠家的技術、生產供應能力、管理、產品品質等進行全面考察，選擇其中最好的廠家進行一段合作期，最後確定它是否成為長期合作廠家。美特斯・邦威選擇的生產廠家基本是具有一流生產設備的大型服裝加工廠，它們的共同特點是都通過 ISO9000 認證，有著嚴格的品質管理體系、科學的管理方法。

當市場發生變化，對產品和服務提出新的要求時，虛擬經營企業可以迅速吸納新的協作企業，調整原有的協作夥伴。

美特斯・邦威對協作廠家實行績效評估體系與篩選更新機制，包括由質檢部與產品部、技術中心人員組成小組對生產廠家年底績效評估打分，確定是否繼續合作。每月對生產廠家品質投訴情況進行排名通報，對重大的品質問題進行專題通報。淘汰投訴率超過一定標準的廠家。

3. 特許連鎖經營

美特斯・邦威欲擴大銷售網路，但資金實力又顯不足，公司決定採取特許經營策略開設加盟連鎖店，利用社會閒散資金來進行銷售網路擴張。

美特斯・邦威通過契約的方式，將特許權轉讓給加盟店。加盟店根據區域不同，分別向美特斯· 邦威交納 5～35 萬元的特許費。目前，美特斯· 邦威已擁有 600 多家專賣店，除了 20%是直營店外，其餘都是特許連鎖專賣店。如果這麼多家專賣店都由美特斯· 邦威自己來投資的話，則需要 1.5～2 億元。通過對銷售網路的虛擬化，公司大大降低了銷售成本和市場開拓成本，聚集了一大筆無息發展資金，使其有更充裕的資金投入到產品設計和品牌經營中，更重要的是，公司借此網羅了大批的行銷人才。

為保證虛擬銷售網路的平穩發展，美特斯· 邦威為各加盟店提供了強有力的支援。美特斯· 邦威對所有加盟連鎖店實行「複製式」管理，做到「五個統一」，即統一形象、統一價格、統一宣傳、統一配送、統一服務標準。公司總部成立現代化的配送中心，加強物流管理的科學化、合理化，儘量減少專賣店庫存風險，對加盟店進行包括貨品管理、員工管理、服務管理、貨場管理、資訊管理、形象管理等方面的培訓，使其經營管理水準普遍得到提高，銷售業績得到顯著上升。

4.有限資源最優化

美特斯· 邦威將有限的資源集中到品牌經營與設計等環節，而優秀的管理團隊則是其最寶貴的資源。主要表現在以下幾個方面：

美特斯· 邦威認為核心競爭優勢應體現在品牌的知名度和美譽度上。美特斯· 邦威自創立開始，就一直在不遺餘力地推進品牌戰略，採取創意制勝的思路，成功地進行了許多品牌推廣活動。針對目標顧客群年齡在 18～25 歲的特點，公司不惜重金聘請郭富城等人擔任品牌代言人，借助明星的魅力進行「攻心戰」。為佔領重點市場，公司在「中華第一街」上海南京路開了近 2000 平方米的旗艦店，堪稱中國服裝品牌專賣店之最。此外，美特斯· 邦威採用許多常規的宣傳方式，如媒體廣告、辦內部報紙、參加各種服裝展示會和商品交易會等。

1998 年，美特斯· 邦威在上海成立了設計中心，並與法國、義大利等地的知名設計師開展長期合作，把握流行趨勢，形成了「設計師＋消費者」的獨特設計理念。公司和設計人員每年都有 1～3 個月時間進行市場調查，每年兩次召集各地代理商，徵求對產品開發的意見。在充分掌握市場信息的基礎上，每年開發出約 1000 種新款式，其中 50%正式投產上市。公司還利用廣東中山等 5 家分公司的跟蹤能力，不斷調整產品結構組合，強化了品牌形象。

5.信息化管理

美特斯· 邦威清楚地明白自己的公司在整個生產經營鏈中處於中樞位置，大量的信息數據由自己掌握，該和那個供應商下多少訂單，該往那個地區調送多少產品，全部都由自己統籌監控。因此，美特斯· 邦威極為重視信息系統的升級和開發，這也是美特斯· 邦威成為大贏家的關鍵因素。

自 1996 年以來，美特斯· 邦威投入大量資金、人力，根據企業實際需求自建電腦信息網路管理系統。現在，所有專賣店均已納入公司內部電腦網路，實現了包括新產品信息發佈系統、電子訂貨系統、銷售時點系統的資訊網路的構建和正常運作。通過電腦網路，信息流通速度大大加快，使總部能及時發佈新貨信息，中國各地的專賣店可從電腦上查看實物照片，可快速完成訂貨業務；能隨時查閱每個專賣店銷售業績，快速、全面、準確地掌握各種進、銷、存數據，進行經營分析，及時做出促銷、配貨、調貨的經營決策，對市場變化做出快速反應，使資源得到有效配置，提高了市場競爭力。除此之外，通過電腦信息網路，總部能更好地對各專賣店的價格等多方面進行控制，避免在進一步擴張後出現局面失控現象。通過信息流管理，美特斯・邦威實現了物流與資金流的快速健康週轉。

二、上下分包，成為大贏家

周成建最大的成功之處在於，自己不在管道上投入一分錢，加盟商反而給他繳費，還拼命賣東西。這是最值得研究的盈利模式。

1992 年，周成建的服裝工作坊積累了大約 400 萬元的原始資本。1994 年，他創立美特斯・邦威品牌，但沒有沿著普通擴大化生產的老路走下去，而是劍走偏鋒，闖出自己的一套獨特經營方式——一個直接運營品牌和管理數據的公司。

美特斯・邦威品牌，把制衣和銷售兩個環節外包給其他企業，這樣就節約了大量初始生產成本，而且激發了其他企業或加盟者的積極性，以「雙贏」作為經營的最大賣點。

在美特斯・邦威實行外包的環節中，加盟銷售和成衣生產是 100%外包。而銷售門市分兩種，一種為直營店，一種為加盟店，它在中國擁有直營店和加盟店共計 2211 家，其中加盟店 1927 家，佔 87%，直營店只有 284 家。

加盟後，商品由美特斯· 邦威提供，銷售收入 25%歸加盟者，其餘收入則歸美特斯· 邦威所有。這樣加盟者與公司有效地成為一個利益共同體，加盟者為了盈利而賣力銷售，美特斯· 邦威除了賺到錢，還得到期望的市場佔有率和品牌行銷管道，一箭雙雕。籌集資金，繼續以這種方式擴大市場佔有率和拓展行銷管道是美特斯·邦威 IPO 的首要目的。

但是，從另一方面來看，這種經營模式不可避免地面臨複雜的物流配送問題，美特斯· 邦威秉承「虛擬經營」的精神，將物流外包給物流公司，整個調配數據則由公司自己掌握。美特斯· 邦威真正拿在自己手裏的只有四個部份：商品企劃、產品設計、部份原料採購和少量直營店。

心得欄 ------------------------------

12

尋找利潤源，從改變規則開始

西元前 333 年冬天，馬其頓國王亞歷山大率領軍隊進入亞洲的一個城市紮營避寒。他聽說城裏有一個著名的神諭：

誰能夠解開城中那複雜的「哥頓神結」，誰就會成為亞細亞王。

亞歷山大滿懷信心，驅車前去解結。可是，他嘗試了幾個星期，依然無法找到結的兩端。他茫無頭緒，但又不甘罷休，思來想去，突然頓悟：「我何不自己制定一個解結的規則呢？」於是，亞歷山大揮劍一砍，將「哥頓神結」砍開兩半，結被徹底「解開」了。亞歷山大最終如願以償，「亞細亞王」的王冠光輝四射。

如何實現盈利？最關鍵的一點就是要成為規則的制定者。向現有的營銷規則挑戰，你就有可能在創新開拓中，制定或擁有自己的盈利模式。

如何改變遊戲規則？下面提供幾種改變的方向供你參考。

1. 打破產品的傳統優勢

很多產品在市場上的生命已經歷了較長的時間考驗，大部份消費者已經習慣於接受它的固定的口味和風格，這給新產品的創新上市帶來了一定的障礙，就像可口可樂曾經改變老配方生產出的新產品遭到消費者的冷淡對應。但並不是沒有改變的機會，因為「蘿蔔白菜，各有所愛」，通過細分市場，一定有一些消費者喜新厭舊，喜歡嘗試新的口味。如果你不挑戰傳統，打破固有風格，很難奪取老品牌在市場上已經佔據的消費者的心智空間。要想打破這種先入爲主的優勢，你必須首先破壞它賴以存在的土壤，通過制定新的遊戲規則，讓老品牌的傳統優勢無用武之地，甚至成爲在新遊戲規則中的劣勢，這是營銷戰略「未戰先勝」的成功之路。

咖喱粉是一種廚房用調料，在日本市場上銷售量很大。某食品工業公司的老闆，對咖喱粉新品種的開發情有獨鍾，但是嘗試了幾種配方之後，並沒有嘗到成功的喜悅。後來，他挑戰規則，開發出跟傳統口感大爲不同的「不辣咖喱粉」，結果引來一番異議。有人還當面侮辱他：「你是個白癡！那有這種咖喱粉呢？」

的確，當時的咖喱粉都是辣的，這個「不識時務」的傢夥，居然用蜂蜜和果醬調製成不辣的所謂咖喱粉，怎能不招來他人的非議呢？

世界上的事說來也怪，被同行斷言根本賣不出去的「白癡咖喱粉」。上市後居然受到一些講究口味的人的喜愛，他們認爲早就該有這種不同於傳統風味的調料了。經過各種公關活動的配合，新口味咖喱粉異軍突起，一年後竟成爲日本市場上的暢銷調料，創造了另一個營銷奇跡。

2.發現新的分銷管道

產品從製造商的生產工廠到最終消費者的手中，必須依賴於分銷管道。誰掌握了分銷管道，誰就掌握了市場的主動權！這已經成爲衆多生產廠家的共識。

分銷管道的作用有如人體中的血管，血管一旦堵塞，人體就會出大問題。每個行業的競爭對手都在使出全身解數，紛紛修築自己的分銷管道，對現有管道成員的爭奪戰更是達到白熱化程度。

1997 年印表機廠商利盟剛進入市場時，現有經銷商不願意代理利盟的印表機產品，在一個市場的遊戲規則——包括折扣、返利和秘而不宣的私人關係已經成型的時候，利盟要想加入，恐怕要獻出更多的「血」才能討好這些經銷商，因爲管道經銷商們都被其他品牌「洗腦」了。

這是一條直線：從產品製造到終端消費者之間，有數不清的可以與之捆綁的 PC 廠商和 IT 分銷商，但是這條直線已經被其他品牌佔領了。

到底誰是印表機的目標用戶群？利盟在思考，當然是日益壯大的家庭用戶。那麼下一個問題是，誰最貼近這些用戶群？除了 PC 廠商之外，有沒有其他的管道可以避開這條「直線」？PC 銷售的第一大品牌是聯想，第二大品牌是——沒有品牌。這顯然是一個重要的但被多數人忽略的市場：在現有的電腦市場裏，每年 30%～40% 的 PC 機是由這裏售出的，這些享受 DIY 樂趣的用戶，他們同樣是印表機的潛在消費群。找誰合作？CPU 產品，體積小附加值高，而且不用庫存和物流，代理商們肯定不會願意代理印表機產品；找顯示器的代理商合作，一拍即合。2000 年，利盟通過兼容機市場的代理管道，售出了 10 萬台印表機。

3. 改變消費者的關注點

同一群體的消費者對同樣的產品有不同的利益重視；不同的消

費者群體對同樣的產品有相同的重視利益。營銷人員必須能夠通過「同中取異」和「異中取同」來發現目標市場的不同偏好，並引導消費者的購買選擇。

上例說到的利盟發現新的管道，只是設法繞過了現有的市場規則，而要真正打破原有的規則，就必須依靠技術，促使市場改朝換代。當人們更多關注印表機的功能、速度和質量的同時，利盟卻費盡心機想要解決一個問題：卡紙。這個問題看似不起眼，但卻是消費者常常碰到的一個麻煩。廠家生產的紙張並不規範，厚薄、含水量千差萬別，讓客戶購買進口專用的打印紙張，顯然是不現實的。利盟打開市場的第一個突破口，就是從解決「卡紙」問題入手。利盟爲此專門購買了好幾噸本地產的紙張運回美國總部，並且在一個封閉的實驗室裏，經過反覆測試，終於改進生產出第一款針對市場的印表機。爲了證明自己的印表機對紙張的接受程度，利盟曾經用 6 米長的普通衛生紙列印出中國著名的《清明上河圖》。

4.重塑市場定位

結合自己的售後服務營銷策略，家電品牌伊萊克斯在媒體上推出「一年包換，十年包修」的承諾，這與海爾在冷氣機行業承諾「六年包修」異曲同工，如出一轍，這也是伊萊克斯重塑市場定位，再次在消費者中樹立自己品牌形象的新起點。

5.開闢新戰場

作爲後進的中小企業，與其跟先進者在現有目標市場上爭奪有限的「蛋糕」，不如開闢新的戰場。

美國西南航空抓住航空市場的空隙，不到大城市間的長途「熱線」去湊熱鬧，而是專注於「短途航運」業務。他們以此降低航空費用，並不斷開闢新的航線，通過提供較低的價格讓人們覺得乘飛機比坐汽車更划算，同時提供水準較高的服務讓人們更願意選擇他們的飛機，從而不斷擴大了市場範圍，提高了公司知名度。

美國西南航空公司通常會選擇其他航空公司收費高而服務並不太好的市場，以較低的價格、較高的服務水準進入市場競爭。而保持有吸引力的低價位(他們的票價可以只是別的航空公司票的1/5～1/3)的同時又能獲得可觀盈利的原因，則在於他們的成本節約。西南航空只使用一種型號的飛機，儘量選擇二流機場，通過提高飛機的使用效率，更有效地使用登機通道、減少管理費用、降低營運開支等方式節約成本，提高收益。

美國西南航空公司與其說是搶奪了大航空公司的「領土」，不如說是以民航的速度和舒適的優勢搶奪了鐵路火車和公路汽車的傳統生意。

6.改變銷售模式

在戴爾公司出山以前，PC 市場上的銷售模式一直是共性化、大批量生產銷售。戴爾公司以個性化定制營銷顛覆了傳統的遊戲規則，從而將 IBM 等電腦巨頭賴以成名的優勢變成了劣勢。戴爾公司每年生產數百萬台個人電腦，每台都是根據客戶的具體要求組裝的。戴爾公司是企業家、網路技術專家和企業軟體彙集在一起的完美例子。以戴爾爲其大客戶福特汽車提供服務爲例，戴爾公司爲福特不同部門的員工設計了各種不同的配置。當通過福特公司內聯網接到訂貨時，戴爾公司馬上就知道訂貨的是那個工種的員工，他需要那種電腦。戴爾公司便組裝合適的硬體，甚至安裝了適當的軟體（其中有一些包括福特汽車公司儲存在戴爾公司的專有密碼）給相應的員工使用。戴爾公司的後勤服務軟體非常全面和先進，因此，它能夠以較低的成本開展大規模定制服務。

福特公司爲這種專門服務額外支付一定的費用。付這筆錢值得嗎？如果福特汽車從當地經銷商那裏購買個人電腦，經銷商運來一些箱子，需要懂得資訊技術的工人取出機器進行配置。這一過程需要一個專業人員花 4～6 個小時，並且還常常出現配置錯誤。

是什麼使戴爾公司能做到個性化定制的生產與服務呢？是 IT 技術，是網路技術。公司每天生產大約 400 萬台個人電腦、筆記本電腦、伺服器和工作站，大多賣給了企業而非消費者。買主只需撥打由公司付費的 800 電話或在公司網址上登錄，提出自己的機器配置，等待公司的報價出現在螢幕上；然後輸入信用卡號碼，按回車鍵就行了。或者如波音公司這樣平均每天購買 160 台戴爾個人電腦的大客戶，只需問問常駐在公司內的銷售代表就行了。

藝術大師畢卡索有句名言：「創造之前必須先破壞。」破壞什麼？傳統觀念、傳統規則在畢卡索眼裏都是破壞之列。其實，中國人在發明「創造」一詞時，就有「破壞」加「建設」的含義。一切創新都可以說首先是一場向現存規則挑戰之役。但是，並不是每個人都敢啓用這一技法的。爲什麼人們面對各個領域的「哥頓神結」不敢像亞歷山大那樣揮劍而解呢？一個重要的原因是，現實中有著「遵守規則」的壓力，這是我們最基本的價值觀之一。

成功賺錢的企業不僅設法打破原有的遊戲規則，而且還試圖做新遊戲規則的制定者和領導者。不挑戰規則，將注定你的一生是無所作爲了。

◎ 成功源於專注

一望無際的非洲草原，一群羚羊在那兒歡快地覓食，悠閒地散步。突然，一隻非洲豹向羊群撲去。羚羊受到驚嚇，開始拼命地四處逃散，非洲豹的眼睛死死盯著一隻未成年的羚羊，窮追不捨。

羚羊拼命地逃，非洲豹使勁地追，非洲豹超過了一隻又一隻站在旁邊驚恐觀望的羚羊，它只是一個勁兒地向那只未成年的羚羊亡命似的追，而對身邊的其他羚羊卻像沒有看見似的，一次次地放過了它們。

終於，那只未成年的羚羊被兇悍的非洲豹撲倒了，掙扎著倒在了血泊中。

非洲豹為什麼放棄身邊一隻又一隻的羚羊，卻死死盯著那只未成年的羚羊呢？在聽到主持人的解說後，大家終於恍然大悟。

原來豹子已經跑累了，而其他的羚羊並沒有跑累，如果在追趕的過程中因其他的羚羊而改變目標，其他的羚羊一旦起跑，轉瞬之間就會把疲憊不堪的豹子甩在身後，因此豹子始終不丟開那只未成年的羚羊，最終讓它成了口中的食物。

事業因專注而成功，生命因專注而絢麗。

心得欄 ______________________________

13

虛擬經營模式的耐克球鞋

所謂虛擬經營，即要求企業將具有核心專長的業務與一般業務分開，集中有限的資源從事核心業務，而將非核心業務虛擬化，外包給擅長這些業務的協作企業。

虛擬企業被認為是 21 世紀的企業組織形式。

虛擬經營不同於傳統經營方式。企業傳統經營方式傾向於「大而全」、「小而全」，往往包攬生產、銷售等業務的各個環節，投資大，資源分散。越來越多的跨國公司開始採用虛擬經營模式，外包服務市場不斷擴大。相關數據顯示，全球外包服務市場的年複合增長率為 12.2%。

在長而複雜的產業價值鏈上，一個企業可以在產業價值鏈的某幾個環節具有高度競爭力，但要想在所有環節上都具有競爭力是不太可能的。

一家公司一旦認識到整個產業價值鏈中戰略控制點所在，就應該把公司定位在那個位置，把不具有優勢的或非核心的一些環節，以簽約方式「外包」給別的公司，共同完成整個價值鏈的全過程。

耐克，一個響噹噹的名字，體育賽場上璀璨的亮點，更是國際市場上的奇蹟。它用不到 50 年的時間，打敗了體育用品界中的龍頭企業——阿迪達斯，躍居第一，並一直保持著驚人的業績。

有這樣一則家喻戶曉的耐克神話。在美國俄勒岡州的比弗頓市，四層樓高的耐克總部裏看不見一雙鞋，員工們只忙著做兩件事：一是建立全球行銷網路，二是管理它遍佈全球的公司。不用一台生產設備，耐克總公司締造了一個遍及全球的帝國。一雙耐克鞋，生產者只能獲得幾美分的收益，而憑藉其在全球的銷售，耐克總公司卻能獲得幾十甚至上百美元的利潤。那麼耐克是怎樣實現這樣高盈利的呢？

耐克的成功，要歸功於他的獨創性生產經營思維。在當時的市場中，他們率先脫離傳統的生產模式，不再親自投資建立工廠、招募工人、組織龐大的基層部門生產鞋子。同樣生產鞋子，耐克的成本卻比同類企業低廉許多。耐克採用了價值鏈擠壓模式，具體地說就是將生產外包。耐克在早期發現，他們的生產已經不能滿足消費者大量的需求，市場對他們的產品已經出現供不應求的情況。而且在當時，當耐克有了一種新的設計方案或者銷售商要求的訂單到達時，耐克的生產部門卻不能及時提供產品，這給耐克帶來的巨大損失——不僅是經濟方面的損失，更重要的是信譽方面的缺失。

此時，耐克找出問題所在。他們在生產方面並沒有比競爭對手更多的優勢，生產跟不上企業的步伐，嚴重滯後了企業的發展。而且起初他們的策略並不是靠生產奪取市場，而是以先進的技術、優質的產品打敗競爭對手。於是，他們開始尋找外部生產，也就是生產外包。

耐克不投資建設生產場地，不裝配生產線，生產外包的對象從日本、西歐轉移到了韓國、臺灣，進而轉移到中國大陸、印度等地，這些都是世界上勞動力十分低廉的地區。耐克巧妙地把生產壓力直接轉向外地。這種特許經營的優勢，不僅僅在於生產成本的降低，而是遠遠大於他們的估計。首先，生產外包可以使耐克的管理重點轉向新技術的開發、產品行銷和人力資源、品牌、企業形象等無形資產，從而大大地精簡了企業繁重的機構部門，減少了許多費用，使耐克及時跟上時尚的要求，甚至成為行業的領頭羊。其次，當耐克生產外包給其他發展中國家的時候，也促進了當地的經濟發展，增加了當地的就業，甚至可能輸出部份先進的生產技術及設備。因此，像耐克這樣的跨國企業，很受當地政府的歡迎，不僅可以輕鬆地完成生產計劃，還得到許多優惠政策。這種情況比起美國中國多種嚴格的限制和激烈的競爭環境要好太多了。

最後，在其國外外包生產，不僅僅在生產方面得利，在銷售方面，耐克更是嘗到了甜頭。發展中國家是一個廣大的潛力巨大的市場，消費者人數多，而且隨著經濟的發展，購買力也不斷加強，可抗衡的競爭對手少，加上政府的優惠政策，使耐克很容易打入市場。就是說，在生產外包的同時，耐克的品牌也打入了該市場，開始深入人心。而且在當地生產當地銷售，耐克逃避了大量的政府進口稅收——這是一筆巨大的收入。

這種經營模式給耐克帶來的財富，不僅僅體現在經濟利潤上，還體現在他正在慢慢地蔓延全球的每個角落，使耐克品牌成為消費者的自豪，成為運動品牌中的權威。

事實上，將非核心業務外包，一直以來都是眾多知名品牌企業的戰略選擇，這同時也為大量的中小企業提供了機會。透過將非核心業務外包，企業能夠利用其外部最優秀的專業化資源，從而達到降低成本、提高效率、充分發揮自身核心競爭力和增強企業對環境的應變能力的目的。

在進行外包的時候，企業要儘量做自己最能幹的事情，這也就是揚己所長；把其他的工作外包給能做好這些事情的專業組織，這也就是避己之短。

但是，剝離企業非核心業務控制不好就可能會做得過火。即便某個特定流程或能力只對當前的戰略起輔助作用，現在就將其外包，也可能會造成將來巨大的錯誤。

例如一家電子高科技公司在核心業務動搖時，將其大範圍的人力資源職能外包出去，以削減成本。另一家大型分銷企業卻反其道而行之。當其供應商把 50%的業務轉移到管道外，直接面向零售商時，公司把人力資源職能跟分銷和物流結合起來，向 Internet 零售商提供上述管理服務。在中間環節消失的過程中，這家分銷企業創造了利潤增長的機會，而那家電子高科技公司卻再也得不到這樣的機會了。

答案就是要利用有效的方案，幫助自己評估各種外包及合作的成本，在實施外包和合作之前預演一番。一家傳統工業製造商的高層管理者說：公司剛剛第一次做這樣的分析。練習結束時，經理們在牆上掛滿了準確表述驅動利潤的優先事項的招貼紙，公司因此受益匪淺。

◎ 錢放著不用，就等於「死錢」

一個守財奴攢了一大筆錢，但他從來捨不得花，有一天他乾脆把錢埋到了地底下。從此他不需要任何其他方式來消遣時光，因為想著地底下的那筆錢就足以讓他興奮不已。

那筆錢讓他興奮得越久，在他眼中就變得越重要，於是他越捨不得花。天長日久，由於他經常擔心錢財會被別人偷走，以致吃不好也睡不好，閒暇時就經常在埋錢處徘徊。不久，一個盜墓賊讀懂了守財奴的心思，料定那塊地下肯定有寶貝，等守財奴離開時他悄悄地把那筆錢財挖走了。

第二天清早，守財奴發現錢財被人破地而取，頓時捶胸頓足，哭天嚎地，傷心得不想活了。一個過路的人動了惻隱之心，問他緣由，他餘哀未平地說：「有人挖走了我的財寶。」

「你的錢財是埋在那裏幾被挖走的？」

「就在這塊石頭旁邊。」

「哎喲，都什麼年代了，又不兵荒馬亂的，你又何必把錢財埋到地裏去？如果當初你把它們放到保險櫃或許就不會有什麼事了！而且隨時取著花也方便嘛。」

「隨時取著花？天那，難道我會貪求這一點點方便？『用錢容易賺錢難』這句話你總該聽過吧，我平時那捨得動一張票子啊！」

過路人於是知道他是個吝嗇鬼，就笑著說：「既然你不想動用錢財，那就再埋塊石頭進去，把這塊石頭當成你原來的錢，那不是一樣的嗎？」

擁有財富是為了更好地幫助自己和別人改善生活的品質，但守財奴只想佔據著錢財，而從不曾想過用錢財去造福，因此他和貧民沒有什麼區別，而且每天還多了一份擔憂。

這個故事除了諷刺守財奴的吝嗇之外，還告訴我們什麼道理呢？故事中的過路人為什麼會這麼說呢？如果從經濟學的角度來想，過路人的話是頗有一番道理的。守財奴把錢財當作富有的標誌，卻忘記了錢財只有在流通中才會產生價值；失去了流通能力的錢財，不僅不能增值，反而還失去了其存在的價值。那麼埋錢和埋藏一塊石頭，也就沒有什麼區別了。

目前，有很大一部份人認為錢存在銀行能賺取利息，能享有複利效果，認為儲蓄能夠使自己的錢財四平八穩地增加。各位想致富的讀者：你可曾聽說過世上那個富人是靠儲蓄發家致富的？

將所有的積蓄都存在銀行的人，到了年老時不但無法致富，常常連財務自主的水準都無法達到，這樣的例子在報紙上時有所聞。這不正像故事中埋錢的守財奴一樣嗎？

14

利潤相乘模式的迪士尼公司

利潤相乘模式是某一產品的產品形象或服務重覆地創造利潤，是一種強有力的盈利模式。借助已經廣為市場認同的形象進行包裝生產，可以產生良好的效益，這種方式類似於做乘法。

在利潤乘數化模式下，利潤來源十分廣泛，一個卡通形象、一則偉大的故事、一種技巧，甚至是其他任何一種資產，都可以作為這種模式的利潤因數。利潤化的方式，則是不斷地重覆描述它們、使用它們，也可以賦予它們種種不同的外部形象。

美國的迪士尼公司運用利潤乘數模式，將同一想像用不同方式包裝起來，從米老鼠開始，構造環環相扣的產業鏈，從而寫就了最偉大的動漫品牌商業神話。

一、迪士尼公司的成功領域

沃爾特· 迪士尼公司創立於 1923 年，目前已是全球最著名的娛樂公司之一。經過多年的發展，沃爾特· 迪士尼公司成為一個跨國集團，其業務涉及電影、主題公園、房地產，以及其他娛樂事業等多個領域。

迪士尼集團價值鏈主要由四個部份構成：影視娛樂、媒體網路、主題公園和遊樂場、消費產品。在這四塊中，主要依賴的是媒體網路和主題公園，二者所佔比率平均超過 80%。收入最不穩定的是媒體網路和影視娛樂，它們在整個價值鏈中充當「冒進者」的角色，容易大起大落，而主題公園和消費產品則相對穩定，充當「保守者」的角色，雖然也受到總體經濟景氣程度的影響，但總的趨勢比較穩定。

1. 迪士尼公司的價值鏈

迪士尼是一個利潤乘數型企業，即用迪士尼的品牌做乘數，在後面乘上各種經營手段，以獲得最大的利潤。

這種經營方式，讓迪士尼開始把大部份利潤徹底轉向影視產品製作之外。

迪士尼不斷推出一部部製作精美的卡通片，每一部影片推出後都要大力宣傳去實現票房收入，通過發行拷貝和錄影帶，賺進第一輪。

然後是後續產品的開發，主題公園是其一，每放一部卡通片就在主題公園中增加一個新的人物，在電影和公園共同營造出的氣氛中，讓遊客高高興興地去參觀主題公園，迪士尼由此賺進第二輪。接著是品牌產品，迪士尼在美國本土和全球各地建立了大量的迪士尼商店，通過銷售品牌產品，迪士尼賺進第三輪。

這還不夠，迪士尼還在不斷地收購電視頻道，已經有了卡通電影頻道、家庭娛樂頻道，甚至還買了新聞頻道。借助電視的觸角，迪士尼布下它的「天羅地網」。從迪士尼集團公司的運營方式看，公司的四個主要業務領域的運營如下：

首先是影視娛樂。負責生產各種影片、動畫片、電視節目，錄製和上演舞臺劇。迪士尼公司在這個產業裏屬於龍頭老大，擁有若干子公司和一批著名品牌，下屬的電影製片廠和各種影視機構是美國四大電視網的主要節目供應商，每年共生產多部故事片，還創作大批含有角色形象的電視節目。

自己創作的作品外，公司還購買其他廠商的影視片在影院、電視臺和家庭錄影帶市場銷售。集團名下的各個發行、錄影、國際公司代理迪士尼擁有或授予使用權的電影、電視、音像節目在美國和世界各國發行的業務。

其次是媒體網路。迪士尼通常自己出資生產製作節目，或者從其他節目廠商購買節目播放權，並且為播放這些節目的附屬台站支付數額不等的補償金。公司的收入則來自出售節目中的商業廣告時間。

還有主題公園和遊樂場。公司通過各種國際的廣告與促銷活動對整個迪士尼世界的各種遊樂項目進行市場行銷，以吸引來自各地的遊客。每個主題樂園還通過長期協定形式與迪士尼的其他公司建立業務關係。

第四種是相關消費產品。公司在世界範圍內進行公司創造的各種形象的知識產權交易，並出版圖書和雜誌。許可發行的品種包括與迪士尼有關的玩具、禮品、傢俱、文具、體育用品等。出版類的許可證包括連環畫、藝術圖畫書和雜誌等。許可證經營活動的利潤主要依靠從批發和零售產品的銷售定價中提取固定比例的使用費。除提取使用費外，公司還積極開發擁有自主知識產權的商品，不斷尋求可以用於許可證產品的新角色形象，並參與具有許可證意義的出版物的寫作和插圖的創意工作。

公司以「迪士尼專賣店」向市場直接推出與迪士尼有關的產品。截至 1999 年 9 月 30 日，專賣店的總數已達 728 家。公司擁有出版社為兒童和家長提供各種圖書，出版《趣味家庭》、《迪士尼歷險》和科普雜誌《發現》等期刊。公司下屬的軟體商迪士尼互動公司，則主要從事開發和行銷家庭和學校使用的電腦教育與娛樂軟體以及遊戲軟體。公司還生產用於教育的視聽產品，其中包括錄影帶和電影、招貼畫和其他教具。

運用現代企業的管理手段，迪士尼編織了一個龐大的有機網路，在這個網路中充分發揮宏觀統攝全局的作用，為整個跨國公司的發展指明方向。利潤，利潤，還是利潤，迪士尼仿佛是一個高速滾動的雪球，在世界經濟一體化的大趨勢下，充分體現了跨國壟斷資本的特色。

2. 迪士尼價值鏈剖析

利潤乘數模式就是企業最大限度地從知識產權中獲取利潤，就像迪士尼一樣，它的知識產權米老鼠，不只是一次使用，而是 10 次、20 次以上使用在不同的領域，米老鼠及其夥伴是將整個迪士尼王國連成一體的基石。以米老鼠及其夥伴為主題的形象出現在包括電影、電視節目、音樂劇、巡迴演出、主題公園、錄影、零售店以及版權轉讓等多個方面。每一種形式都為迪士尼帶來了豐厚的利潤。

迪士尼用現代工業流水線生產的方式，行銷自家的動畫片。其特有的利潤乘數模式亦即輪次收入模式，指的是迪士尼通過製作並包裝源頭產品——動畫片，打造影視娛樂、主題公園、消費產品等環環相扣的財富生產鏈。娛樂製作部門製作影片，票房、發行和影片拷貝銷售收入等是第一輪的收入；主題公園的經營構成集團的第二輪收入；消費品部門則通過特許授權、出版、零售迪士尼「標籤產品」等途徑賺進第三輪收入，在網路這一環境裏又可以構成再下一輪收入。

迪士尼集團價值鏈各部份自形成以來，分別取得了不同程度的發展。它們共處一條價值鏈上，能夠通過彼此的相互影響、相互平衡來保證價值鏈總體價值的穩定增長。

在迪士尼價值鏈這四個組成部份中，變化最平穩的是主題公園，其次是消費品。影視娛樂和媒體網路則是相對大起大落的兩塊，二者的總趨勢仍然是下降，其中最不穩定的是媒體網路。

⑴影視娛樂

處在迪士尼價值鏈上游的是迪士尼的影視娛樂。迪士尼是動畫片的鼻祖，自從 1937 年《白雪公主與七個小矮人》獲得巨大成功以來，動畫片就一直是迪士尼公司的重要收入來源。1966 年沃爾特· 迪士尼死後，迪士尼的動畫片部門經歷了一個過渡性低潮。直到 1984 年邁克爾· 埃斯納爾接手後，迪士尼才有所發展。邁克爾· 埃斯納爾的商業策略之一是振興動畫片製作，這一策略大獲成功，《小美人魚》和《美女與野獸》等影片都贏得了巨額票房收入。

迪士尼歷年來所拍攝的動畫片已成為它的寶貴資產，因為公司每隔幾年便向新的一代播放這些舊動畫片，所賺的錢甚至比首播時還要多。1992 年以來，美國最賣座的 8 部動畫片中有 6 部是迪士尼的作品，其中《白雪公主與七個小矮人》和《獅子王》名列前茅。另外，動畫片也帶來了其他相關收入，比如，動畫片的流行帶動了洋娃娃、玩具、書本、音樂唱碟、服裝、紀念品和遊戲等多種文化產品的銷售。而且，由於動畫片使卡通人物流行起來，迪士尼主題公園中的許多節目才魅力十足。

⑵主題公園

20 世紀 40、50 年代，無論是在美國本土還是在全世界，娛樂公園都是一個絕對新鮮的事物，用沃爾特自己的話來說：「這是了不起的事業，是娛樂的一種新構想，這是全世界絕無僅有的東西，一定會成功的。」沃爾特注意到來好萊塢遊玩的人，總以為那兒處處是明星，是一個五彩繽紛的世界。

1955 年 7 月，狄斯奈樂園終於在距洛杉磯市 27 英里的阿納海姆建成開放。樂園面積為 160 英畝，被外界稱為「世紀工程」。狄斯奈樂園項目獲得極大成功，開園 7 個星期，就有 100 萬遊客光顧，比預計的人數超過 50%，收入也比預計超過 30%，連訪問美國的許多國家元首都堅持要去樂園遊覽。四年之內，便吸引了 1500 萬遊客，迪士尼公司的收入從未如此好過。

狄斯奈樂園的成功成為迪士尼發展史上具有戰略意義的重大轉折，從此以後，迪士尼的價值鏈條中加入了狄斯奈樂園這重要的一環，並且成為整個價值鏈當中舉足輕重的部份，同迪士尼的卡通片一樣成為迪士尼的標誌。

⑶進軍電視領域

自從沃爾特成為好萊塢的獨立製片商，影片的發行一直是最為頭疼的問題。在早期迪士尼還默默無名的時候，沃爾特委曲求全地為影片尋找發行管道。早期幾部成名的電影如《愛麗斯夢遊仙境》、《幸運兔子奧斯華》等都是通過買斷版權和不足價片酬來實現發行的，即便這樣發行，公司還頻頻拖欠片酬。沃爾特在製作上精益求精，製作成本一路攀升，影片行情也一路看漲，可是迪士尼的影片收入反而減少，迪士尼開始週轉困難。

為了擺脫這種狀況，當米老鼠系列影片大受歡迎的時候，他堅持不買斷版權，擺脫發行商，直接跟影院合作，讓影片直接同觀眾見面。這幫助沃爾特排除了發行障礙，但是靠幾個影院經理在幾個有限的影院裏來推出新片，影響面畢竟太小。而且隨著迪士尼事業的發展，它的內容已不僅僅限於影片，還有圖書、唱片，以及後來的遊樂場，等等。這些內容的傳播管道，已不是幾個影院所能承擔的。

迪士尼公司借助電視臺這個大眾媒體有力地宣傳、推介了迪士尼影片以及狄斯奈樂園，使迪士尼的內容廣泛、迅速地為公眾所知道。迪士尼公司長期以來債臺高築，直到 1961 年才還清銀行的債務，沃爾特因此欣喜若狂。這當然歸功於迪士尼的發展更新。通過電視臺的傳播，迪士尼在市場上的滲透與擴張有了更大的規模效益。而電視臺則借助沃爾特製作的優秀節目，大大提高了收視率，使電視這個開始被視為無足輕重的媒體，成了最為重要的大眾傳播媒體。

3. 進軍 Internet

1998 至 1999 年，迪士尼收購 Infoseek，成立 Go.com 門戶網站，並於 1999 年 11 月分拆上市；2000 年 8 月更名為 Walt Disney Internet Group。2001 年 3 月，迪士尼公司以 1 股 Walt Disney Internet Group 換 0.19353 股迪士尼公司股票的形式使兩家公司合併。

迪士尼希望把 Go.com 作為整個集團的入口網站來集體促銷它旗下的 ABC 電視臺、ESPN 體育台、動畫片、遊樂園等，希望通過這個門戶網站的大傘涵蓋所有媒體事業。另一方面，迪士尼的金字招牌也能為網站吸引年輕人的注意，增加網站的點擊率。

4. 特許經營消費品

沃爾特第一次瞭解到把卡通角色的圖像給人使用可以得到一筆錢是在 1929 年下半年。1929 年在紐約時，有一個人到旅館找沃爾特，拿出 300 美元，要求准許把米老鼠的形象印在寫字桌上。這 300 美元成了迪士尼公司的第一筆特許經營收入，後來這種要求越來越多。1930 年 2 月 3 日沃爾特的哥哥羅伊·迪士尼同紐約的包菲得簽約，准許該公司「製造及出售有米尼和米奇畫像的器物」。當這類物品售價在 50 美分以上時，迪士尼公司就收 2.5%的版稅。這是第一次以合約形式規定的特許經營，也是真正意義上的特許經營。

採用特許經營的方式向消費品領域延伸並不是迪士尼自己萌發的，而是來自消費品行業自身的主動需求。迪士尼開始進入這個領域，並一發不可收。

二、迪士尼乘數模式的分析

迪士尼與華爾街的赫頓經紀公司組建了銀幕合夥人公司，投資人通過它向迪士尼的影片投資。如果一部影片未能盈利，迪十尼用 5 年的時間歸還投資者的原始投資，因此，投資者的本金是安全的。作為交換，迪士尼得到了一筆無利息成本的資金，可以用這筆錢建立一家大型的電影製片廠。從 1985 年到 1989 年，連續有三個合夥人向迪士尼電影投資了近 10 億美元。在迪士尼新的企業設計下製作的 15 部電影中，有 14 部是盈利的。

賣座大片成功的關鍵因素，除了優秀故事以外，還要有成功的市場宣傳和首發式以及強有力的銷售工作。上映後的頭 10 天決定一部電影是否具有票房號召力，這又反過來決定了它能否在利潤豐厚的錄影帶市場上獲得成功。

迪士尼公司也是價值創新的典範，它運用利潤倍增模式將其商標、品牌的效用發揮到極致，從而為其創造了不朽的業績。從 1920 年創立到 80 年代初，迪士尼只是一個產品生產者，製作動畫片和寫實電影，如今迪士尼已從其原有的主體業務中，向上突破延伸出一系列架構在其品牌、商標和卡通人物之上的新業務。例如，主題公園、錄影帶生產、銷售、音樂灌制、小商品生產、零售、飯店、出版圖書音像、演出等，這些延伸出來的業務，是其價值獲取的源泉，也是其獲得乘數級利潤所在。

迪士尼王國包括電影、電視節目、音樂劇、巡迴演出、主題公園、錄影、零售店，以及版權轉讓等多個方面，這些都是以米老鼠及其夥伴為主題的形象連成一體的基石。

三、迪士尼乘數模式的思考

如果把品牌比作「火車頭」，那麼產業則可喻為「火車廂」，「車頭」與「車廂」的連接度越緊，帶動性就越強，產生的效益就越高。在主題公園品牌與產業互動運營方面，迪士尼可算是成功的典範。

迪士尼的利潤乘數盈利模式的特點在於：一個大於1的利潤基數為被乘數，經過幾個波次的創新、擴張、延伸，即相乘後，升級為新的利潤之積。顯然，積的利潤遠遠大於被乘數的利潤，其中的乘數起了關鍵作用。對於擁有強勢消費娛樂品牌的公司來說，利潤乘數模型是一個強有力的盈利機器。一旦投入鉅資建立了一個品牌，消費者就會在一系列產品上認同這一品牌。企業就可以用不同的形式，從某一產品、產品形象、商標或是服務中，重覆地創造利潤。

利潤乘數模式借助已經廣為市場認同的形象或概念進行包裝生產，可以產生良好的效益，這種方式類似於做乘法。關鍵是如何對所選擇的形象或概念的商業價值進行正確的判斷，需要尋找的是這樣一種東西，它的商業價值是個正數，而且大於1，否則，這種東西不但毫無意義，反而會造成傷害。

要複製迪士尼的利潤童話，就得精心打造形象或概念品牌，沒有這一核心利潤（大於1），想做乘法，其利潤之積只能是越乘越小。

這就要求文化企業牢固樹立市場意識，緊緊抓住市場需求。市場是無形的手，以市場為參照已經成為文化企業重要的經營理念。文化企業從藝術創作、藝術生產、市場行銷、劇場管理等，每一個環節都要苦練內功，要靠極精緻的藝術產品去搶佔市場，去贏得市場。

對於擁有強勢消費娛樂品牌的公司來說，利潤乘數模式是一個強有力的盈利機器。一旦投入鉅資建立了一個品牌，消費者就會在一系列的產品上認同這一品牌，企業就可以用不同的形式，從某一產品、產品形象、商標或是服務中，重覆地收穫利潤。

在利潤乘數化模式下，利潤來源十分廣泛。一個卡通形象，一則偉大的故事，一條有價值的信息，一種技巧，甚至是其他任何一種資產，都可以作為這種模式的利潤因數。而利潤化的方式，就是不斷地重覆描述它們，使用它們，也可以賦予它們種種不同的外部形象。

美國的電影和電視劇吸引了全球眾多觀眾的注意力，而一些影視公司以電影和電視裏的人物或道具造型製造的衍生消費品，也因此贏得顧客的青睞，非常暢銷。

所謂影視衍生消費品，是指用電影和電視劇裏的人物或道具造型做成的玩具、衣服和日常用品。依複雜程度，這種產品可以分為三類：一是直接印有影視人物或標誌的產品，如迪士尼的《獅子王》T 恤、睡衣、水壺、午餐盒和護唇膏等；二是仿造影片主題或情節的產品，如《獅子王》雲霄飛車；三是承襲影視作品風格或氣氛的產品，如米高梅老片中出現過的晚禮服、鐘錶、沙發、化妝箱、書框、類似男主角戴的高帽子及巧克力糖等。

迪士尼集團公司是生產銷售這類產品的行家裏手，也是賺取利潤最多的公司之一。該公司在全球範圍內每年平均發行 2 部卡通片和 58 部一般影片，而卡通及其衍生產品的利潤佔公司總利潤的 70%，比 58 部影片的總利潤還高，僅一部《獅子王》的衍生品淨利就達到 10 億美元。另一家時代華納經營的有線電視公司，每年銷售的同類產品的利潤也達數億美元。據統計，這類產品的利潤是其他產品的好幾倍。如此高的利潤原因有兩個。

一是這些產品的顧客大多是孩子，他們最忠誠於某個品牌，而父母又捨得給孩子花錢。

二是廣告宣傳成功。影視公司看準了孩子們除了愛玩樂、愛吃的特點，每次都聯合速食店和玩具公司促銷新片。據報導，迪士尼為促銷暑假的「花木蘭」玩具，出資找麥當勞推出新式漢堡。該公司為了推出「大力士」卡通人物玩具，在紐約最繁華的時代廣場舉行大力士遊行活動，吸引了不少人駐足觀看。為了使卡通人物被消費者特別是小朋友接受，迪士尼公司在拍影片時便考慮到了人物造型是否花哨、道具是否搶眼等問題。

各影視公司賣衍生消費品的路子也不盡相同。迪士尼和時代華納通常在繁華的鬧市區開設店鋪，出售自己的產品。米高梅則把自己的產品放在高級百貨公司的郵購目錄上，既省去店面的投資，又能精確地抓住目標顧客。其他影視公司則授權給服飾或玩具公司販賣印有其影片的產品，坐收產權費。

15
尋找最佳的盈利模式

如果將所有大中型企業清盤的話，我們推測有相當一部份的公司是虧損的，並且資不抵債。善於賺得一筆生意，卻不懂得如何設計企業的盈利模式，是時下不少企業家的一大缺點。

事實上，對盈利模式的關注源於網路的飆起。由於 20 世紀 90 年代末期大量 Internet 企業嚴重虧損，甚至看不到賺錢的「錢景」，才引起人們對新企業盈利模式進行思索和研究。實際上，不只是需要研究和反思企業的盈利模式，即使是在擁有幾百年歷史的傳統產業中，每天也仍有大量企業因找不到盈利模式而倒閉。

盈利模式是每個企業都要思考和研究的問題，沒有盈利模式、盈利模式不清晰，或者盈利模式缺乏環境適應性，企業都將面臨滅頂之災。企業要想盈利，特別是想長久盈利，就必須尋找到適合企業的盈利模式。

餐飲行業世界第一品牌麥當勞創業時，其老闆克羅克也苦於單靠收取加盟費利潤太少，且無強硬辦法約束加盟店嚴守統一的經營標準。後來，一位新加入麥當勞的財務專家，想出了一個好辦法，即由麥當勞先蓋房子或租房子，然後再租給加盟店。如此一箭雙雕，既大幅增加了穩定的租金，又以租約的形式逼使加盟店按統一的標準操作，達到統一的經營水準，從而有效地促進了營業收入的提升。當然，麥當勞的盈利模式，除以上辦法外，還包括「高品質、低價格、快速、衛生」的核心經營方式、全球市場擴張與全球品牌推廣的戰略計劃等內容。

由此可見，設計並實施最佳的盈利模式是企業取得競爭優勢的法寶。其實設計最佳盈利模式的任務就是找到以何種方式在何處何時獲得最大利潤的一套規律。設計最佳盈利模式的核心原理，就在於如何通過一定投入爭取到一個獨佔的獲利週期，使超過盈虧平衡點的銷售規模或相關的產品銷售規模最大化，從而使利潤最大化。

例如，經過較大的開發投入、廠房設備與營銷投入之後的某個品牌，在市場上贏得了最大的優勢和佔有率。在強大競爭對手進入之前的一個時期內，銷售額跨過盈虧平衡點之後便進入了穩定增長的獲利階段。

在實際操作中，一個產品的盈利模式能否成功地建立起來，要看能否解決兩大危機：一是投入期危機。企業能不能達到獨佔的獲利期，取決於資本和技術等的投入程度與投入水準。如果投入的力度與水準不夠，或投入期拖得過長，企業會因遭遇到強大競爭對手狙擊而與獲利期無緣。

企業在不同的利潤區其盈利模式是完全不同的，自然利潤狀況也不同；與此同時，企業處於何種利潤區是由盈利模式決定的。因此，一個企業只有在盈利模式設計完成的前提下，才能進行業務規劃設計、營銷模式規劃、財務預算、人員管理考核方式設計等相關運營層面的規劃，否則就會出現各種「脫節」的現象。如業務與財務脫節、銷售與品牌建設脫節、人員能力與考核脫節、銷量與利潤脫節、生產研發製造部門與市場營銷部門脫節等等。

只要明確了設計最佳盈利模式的任務及其核心原理，並能夠準確把握市場競爭的要素，有效克服企業成長過程中的兩大危機，把整體經營管理活動納入到盈利模式設計之中，企業就有可能找到最佳的盈利模式。

心得欄

16

建立行業標準模式的微軟公司

標準是一個行業賴以存在的基石。一個標準不僅僅是一種有形產品或技術，在許多行業，標準的建立給予客戶對產品相容性和技術延續性方面的信心，因而開拓了市場。

擁有行業標準就像擁有一個移動電話網絡，使用的人越多，這個標準就越有價值。當微軟產品更加普及時，這些產品的整個價值便增加了。因為軟體產品的邊際成本可以忽略不計，賣得越多，利潤就越大，公司的市場價值也就越大。

微軟公司成立於 1975 年，總部位於美國的雷德蒙。微軟是世界 PC 機軟體發展的先導，比爾· 蓋茨與保羅· 艾倫是它的創始人。作為全球最大軟體公司和最有價值的企業之一，微軟公司一直是新技術變革的領導者。公司的 7 大類主要產品包括：用戶端、服務器平臺、信息工具、商業解決方案、MSN、移動應用系統及嵌入式設備、家庭消費及娛樂。微軟公司通過自己的產品和技術改善著人們的生活、工作和交流的方式，帶給人們全新的電腦體驗，提高個人工作效率。公司提供 Windows 平臺、服務器和工具，通過商業解決方案，幫助企業提高其整體競爭力，開發新的數字化家用技術和娛樂方式，促進移動計算和嵌入式裝置的發展。

最有價值的企業設計類型，恰恰是那種在事實上成為某類行業標準的企業設計。它能帶來比其他企業高得多的利潤、高度的利潤保護能力以及遞增的規模收益，並使企業總是處於整個行業的核心地位。在一個尚未成熟的行業裏，如果自己的企業標準具有先進性和可參照性，就應盡可能使它成為行業標準。這會使企業處於一個極為有利的位置，別人都要向你看齊。微軟就是這樣的一個企業。

有人曾對企業這樣分類：三流企業賣力氣，二流企業賣產品，一流企業賣技術，而超一流企業賣什麼呢？賣標準！微軟就是一個賣標準的超一流企業。在自己獨特的領域，微軟掌握著別人不可替代的技術、標準專有權或全球化的市場能力，而正是這些組成了它的核心競爭力。

微軟開發過多種軟體產品，包括作業系統、辦公軟體、程序設計語言的編譯器以及解譯器、Internet 客戶程序，例如網頁流覽器和電郵用戶端等。這些產品中有些十分成功，有些則不太成功，從中人們發現了一個規律：雖然微軟產品的早期版本往往漏洞百出，功能匱乏，並且要比其競爭對手的產品差，之後的版本卻會快速進步，並且廣受歡迎。今天，微軟公司的很多產品在不同的領域主宰著市場。

微軟公司將其採用的基礎產品模式過渡到行業標準模式，後者是一種非常有力的利潤引擎。微軟公司的企業模式就是創建行業標準。這種模式逐漸廣為人知，以致許多公司都在討論如何採用「微軟的戰略」或「微軟方法」。不為人知的是，儘管基於行業標準的企業設計是一種最有價值的企業設計，但它也是唯一最難建立的企業設計。

一、建立行業標準的是老大——行業標準模式

微軟公司的企業模式就是創建行業標準。這種模式逐漸廣為人知，以至於許多公司都在討論如何採用「微軟的戰略」或「微軟方法」。不為人知的是，儘管基於行業標準的企業設計是一種最有價值的企業設計，但它也是惟一最難建立的企業設計。

在 1975 年，個人電腦產業尚未形成，更不用說標準了。當哈佛大學的一名二年級學生比爾· 蓋茨和他的朋友保羅· 艾倫，在 1975 年 1 月的《大眾電子學》上讀到牛郎星電腦時，他們確信自己可以編寫代碼，讓這台機器成為有用之物。

為了編寫代碼賺錢，他們必須先贏得與 MITS 的合約。這意味著致力於一種並不完美、但在一段時期內能管用的簡化產品，以利潤為中心的基本理念告訴他們，在一年之後拿出一件完美的產品將是勞而無功的。機會之窗很小，而且稍縱即逝。微軟的創建者從一開始便本著實用原則制定了戰略：先贏得客戶，再提供技術。

這種方法讓蓋茨和艾倫做出了兩個有關產品開發的關鍵性決策。這兩項決策是微軟戰略經典當中不可缺少的部份，並決定了微軟今天的企業設計。隨著 IBM 決定進入個人電腦市場，個人電腦業的下一幕已經拉開帷幕。對於像蓋茨這樣一個以客戶為中心的思考者來說，IBM 的進入將使微軟變革自己，把行業標準的企業設計提高到一個新的層次。

蓋茨看到了 IBM 提供的機遇，一個新的利潤區正在形成。如果爭取到 IBM 的訂單，一方面微軟將會獲得大規模的銷售量，同時，微軟將會通過 IBM 售出自己開發的語言和作業系統，並成為新的個人電腦市場上事實的行業標準。

當時微軟並沒有自己的作業系統，然而，微軟必須在一個似乎不可能的時間期限內交貨。不過微軟的戰略是，先得到客戶，再製造產品。IBM 想立即得到一個作業系統，所以微軟只能購買和開發一個系統，而不是花時間從頭編寫。微軟採用和拓展了現有的 Q-DOS 程序，改名為 MS-DOS。

蓋茨有意識地避免僅僅與唯一的設備製造商進行合作。他說服 IBM，允許第三方使用 MS-DOS。IBM 完全陶醉於自己在電腦產業的領導地位，從來沒想到在與微軟的合約中這一條款的重要性。

在整個 80 年代，MS-DOS 成了一個巨大的賺錢機器。到 1991 年，微軟毛利潤率達 80%。在程序設計語言和個人電腦作業系統方面，微軟首次建立了兩大軟體標準。

隨著 MS-DOS 的逐漸普及，微軟的戰略控制能力得到加強。然而蓋茨沒有停止，他不斷地思考著客戶偏好的下一個變動，以及下一個行業標準。當蓋茨在 1982 年參觀 Comdex 電腦行業大會時，他被震驚了。世界上最強的微機應用軟體公司 VisiCorp 展示了一種名為 VisiOn 的產品，它是今天普遍使用的 Windows 與 Office 系列產品的前身。蓋茨看完了 VisiOn 的三個完整的系列展示之後，已經明白 VisiOn 正是 MS-DOS 的剋星，微軟建立 MS-DOS 標準的努力正處於危險之中。接下來，蓋茨完全進入了進攻狀態。微軟對 VisiOn 的反應，為後來許多標準持有者應對挑戰樹立了典範。

微軟發起了一場戰役，大力向用戶宣傳還未面世的 Windows 作業系統。實際上它不僅還未面世，而且幾乎還沒開始設計。這場戰役就是不擇手段，力求從心理上和精神上贏得客戶，目的在於瓦解競爭對手，而不是促進銷售。蓋茨的戰略生效了。當 VisiOn 在 Comdex 大會之後不久開始銷售時，已經無法逃脫 Windows 的幽靈。結果，VisiOn 產品賣不出去，因為整個世界都在等待著 Windows。

客戶在等待 Windows。這是造成最終用戶巨大「拉力」的第一個步驟。依靠先發制人的行銷策略和與設備製造商的戰略夥伴關係，蓋茨對 VisiCorp 發動了致命的攻擊。結果，VisiCorp 沒有生存下來。

然而，標準必須是健全的，並不斷地做出改進和創新，否則就會被更加瞭解和迎合客戶偏好的競爭者所取代。為了對不斷變化的客戶偏好做出反應，微軟正為建立下兩個主要標準而奮鬥，即關於 Internet 和企業內部網的標準。

在其發展歷程中，微軟始終是一個創新者，但是，微軟的創新是盈利模式的創新，而不僅僅是技術的創新。微軟從未發明任何一種關鍵技術，而是以天才手法使現有技術適應了市場需要，並將技術包含在基於標準的盈利模式當中。這種盈利模式為微軟創造了長期的價值，為股東帶來了巨額財富。

在市場競爭日趨激烈的今天，擁有行業標準就像擁有一個電話網絡，使用的人越多，這個標準就越有價值。同時，這張網路還具有防禦對手非法入侵的功能。以微軟為例，當它的產品更加普及時，這些產品的整個價值便增加了。因為軟體產品的邊際成本可以忽略不計，賣得越多，利潤就越多，公司的市場價值也就越大，對手再進入的機會也就越少。

二、建立標準的方法

以客戶為中心，犧牲眼前的現金流量，換取未來的行業領導地位和盈利，這是微軟建立自己行業標準的方法。

創建一種基於標準的企業設計決非易事，但是蓋茨相當高超地做到了三次。他每次都集中運用「以客戶和利潤為中心」的理念。不管是快速交貨、價格低廉、使用簡單，還是可以應用於不同的平臺，對於創建的每一個標準，他都致力於滿足用戶的基本需要。蓋茨的第二種戰略是，消除用戶在轉向微軟產品時遇到的財務上、技術上和支撐方面的困難。第三，他取得並保住了那些接受微軟標準的軟體發展商的支援，從而保證最終用戶對整個系統感到滿意。最後，蓋茨願意犧牲眼前的現金流量，來換取未來的行業領導地位和盈利。

在美國，微軟的軟體產品每次定價都很低，吸引用戶選擇微軟產品，使之大眾化，這樣，巨額利潤就會隨之而來。

這些戰略使微軟茁壯成長，並使微軟成為連接三個行業標準的擁有者。

三、以客戶為前提，不斷引領行業標準

自 1976 年以來，微軟公司從兩個電腦實驗室裏的電腦迷組建的一個小公司，開始成長為一個市場價值高達 1700 億美元的大公司。就銷售額而言，微軟在電腦行業中不是最大的公司，但它擁有最高的市場價值。1975 年，個人電腦產業尚未形成，更不用說標準了。當哈佛大學二年級學生比爾· 蓋茨和他的朋友保羅· 艾倫在 1975 年 1 月的《大眾電子學》上讀到牛郎星電腦時，他們確信自己可以編寫代碼，讓這台機器成為有用之物。

為了編寫代碼賺錢，他們必須先贏得與 MITS 的合約。這意味著要設計出一種並不完美，但在一段時期內能管用的簡化產品。以利潤為中心的基本理念告訴他們，在一年之後拿出一件完美的產品是勞而無功的。機會很小，而且稍縱即逝，微軟的創建者從一開始便本著實用原則制定了戰略：先贏得客戶，再提供技術。

這種方法讓蓋茨和艾倫做出了兩個有關產品開發的關鍵性決策。這兩項決策是微軟戰略經典當中不可缺少的部份，並決定了微軟今天的企業設計。

隨著 IBM 決定進入個人電腦市場，個人電腦業的下一幕已經拉開帷幕。對於像蓋茨這樣一個以客戶為中心的思考者來說，IBM 的進入將使微軟變革自己，把行業標準的企業設計提高到一個新的層次。

蓋茨看到了 IBM 提供的機遇，一個新的利潤區正在形成。如果

爭取到 IBM 的訂單，一方面微軟將會獲得大規模的銷售量，同時，微軟將會通過 IBM 售出自己開發的語言和作業系統，並成為新的個人電腦市場上實施的行業標準。

當時微軟並沒有自己的作業系統，但蓋茨必須在一個似乎不可能的時間期限內交貨。不過微軟的戰略是，先得到客戶，再製造產品。IBM 想立即得到一個作業系統，所以微軟只能購買一個系統，而不是花時間從頭編寫。微軟採用和拓展了當時現成的 Q-DOS 程序，改名為 MS-DOS。

在微軟創建行業標準的方法論中，另一種策略是創造來自最終用戶的「拉動」效應，以補充設備製造商創造的「推動」效應。微軟使 DOS 成為一個開放的系統。

在整個 20 世紀 80 年代，MS-DOS 成了一個巨大的賺錢機器。到 1991 年，微軟毛利潤率達 80%。在程序設計語言和個人電腦作業系統方面，微軟首次建立了兩大軟體標準。

沒有客戶就沒有一切，所以盲目建立自己的標準是沒有意義的。與世界知名企業合作是必不可少的，標準不應該把國外的企業排除在外。

隨著 MS-DOS 的逐漸普及，微軟的戰略控制能力得到加強。然而蓋茨沒有停止，他不斷地思考著客戶偏好的下一個變動，以及下一個行業標準。1994 年 9 月，美國網景公司推出了名為 Navigator 的網路流覽器，這一界面親切的流覽器迅速風靡全球，並使得 Internet 逐漸從生澀的科研及軍事工具變成一種大眾消費品。

直到這時，微軟才開始認識到 Internet 的潛在價值。雖然起步遲了點，但微軟決定利用其作業系統上的壟斷優勢將市場重新奪回。在試圖與網景公司達成瓜分這一潛力巨大的協議未果後，微軟也在 1995 年推出自己的 Internet 流覽器 Internet Explorer(IE)，並將這一軟體免費集成歸納到其最新版本的作業系統中，結果以此徹底擊敗網景公司，確立自己在 Internet 流覽器領域的行業標準地位。

Windows 的成功來源於蓋茨的戰略性企業設計中的兩個核心要素：一是最大限度推銷；二是完美地適應客戶偏好。

四、引領行業標準，創新是關鍵

微軟是一個不斷創新者。但是，微軟的創新是企業設計的創新，而不是技術的創新。微軟從未發明任何一種關鍵技術，它以天才手法使現有技術適應了市場需要，並將技術包含在基於標準的企業設計當中。這種企業設計為微軟創造了長期的價值，為股東帶來了巨額財富。

微軟銳意創新，總是以領先於他人的速度不斷開拓新的技術領域，推出新產品。如果微軟能夠開發出 Longhorn，翻天覆地的變化將會接踵而來。競爭對手們將不得不生活在微軟統治勢力「更加威猛」的世界裏。

◎ 小提琴的故事

多年以前，一位富有的實業家的財產在一家拍賣行被廉價拍賣。當拍賣會接近尾聲時，面帶倦容的拍賣師舉起一把油漆褪落、佈滿灰塵、陳舊的小提琴，略帶嘲諷地問：「這個東西出價多少？100 美元？沒有人要？75 美元？50 美元？……25 美元？……5 美元？」「1 美元！有人要嗎？」他試探道，話音未落，大廳裏響起了眾人的哄笑聲。

就在大夥的哄笑聲中，一個微弱、沙啞的聲音從人群中傳來：「對不起，我可以佔用一點兒時間嗎？」一位身體佝僂的老人拖著緩慢的步子走向拍賣商，伸出枯瘦、蒼白的手拿過小提琴。老人背對眾人，撥了撥琴弦，熟練地調了調音栓，然後慢慢轉向眾人，示意大家安靜。老人極其優雅地把小提琴放在下巴上，開始演奏。優美、悅耳的音樂聲在大廳慢慢響起，大夥都情不自禁地陶醉在這美妙的獨奏曲中。樂曲既終，老人徐徐地給大夥鞠了一躬，大廳裏響起了熱烈的掌聲。老人把小提琴還給拍賣商，然後在大夥的掌聲中慢慢走出門去。

拍賣會上所有的人都興奮不已。滿面笑容的拍賣師重新舉起那把古老的小提琴，大聲問道：「女士們，先生們！現在，這把最美妙的樂器出價多少？那位戴高帽子的先生出價 1000 美元，前排這位女士出價 2000 美元，後面這位先生出價 3000 美元！是您嗎？您出的價是真的嗎？4000 美元！哎呀！我聽見有人喊 5000 美元！5000 美元一次！5000 美元兩次！成交！」

最後，這把做工精緻的小提琴賣出了天價——5000 美元。

上面這個故事生動地描述了價值，以及如何實現價值最大化的概念。

在拍賣開始時，小提琴的價值僅為 1 美元，但後來小提琴的價值驚人地增加了 5000 倍！這把先前幾乎一文不值的小提琴，其價格猛然飆升的原因，僅僅是因為一位才華橫溢的樂人調了調琴弦，依靠他精湛的技巧和豐富的表演，演繹了一首樂曲，展現了小提琴真正的價值。同樣的一個，他的效果是不同凡響的。你要糊塗過一生，還是要努力發揮呢？

心得欄 ----------------------------

17

發現「隱藏」的利潤

當一個企業經過創業期後，將進入到一個相對的平穩期。在這個期間，企業會按部就班、一切如常地運轉著。但很快，就會出現一種尷尬的局面：企業的資源似乎凝固了，員工的熱情也似乎消耗殆盡了，企業猶如一台老舊的機器，幾乎是由於慣性而運作著，完全失去了創業期的強勁動力和高速成長。

當企業面對這種「不上不下」的尷尬境地時，傳統解決問題的途徑有兩種，一是來自企業外部的力量和資源，例如股東方追加投資、銀行借貸、增加人才等方法，來獲取擴大企業規模所需的資源，以規模的擴大爲手段來實現利潤；二是企業自身通過增加銷售、提高價格和降低成本三種方法，來增加企業的利潤。

然而，在今天的市場競爭環境下，我們卻發現傳統的方法失靈了。假如把企業比作是孩子手裏的積木玩具，如果想讓這個積木房屋盛下更多的東西(利潤)，就必須重新審視積木，看它的結構是否合理、擺放是否科學，甚至是要打破原有結構，重新搭建，並由此發現「潛在的利潤」。

綜合來看，發現「隱藏」利潤的途徑有以下幾種：

1. 重新「定位」，發現新的商機利潤

「我們的企業是做什麼的？」這是企業管理者必須要面對的問題。當你自問自答時，實際上就是在給企業定位，也就是在給企業找到在市場中的座標。不能把這樣的定位思考簡單地等同於企業戰略。企業戰略是企業爲自己所制定的長遠規劃和目標，而給企業定位，是從客戶的角度，思考所能帶給客戶的服務是什麼？並由此細分市場或擴大爲客戶服務的領域。必須自問：「誰是我的客戶？我的客戶需求什麼？我能爲客戶做些什麼？」

當我們完全從客戶角度出發，來給企業重新定位時，就會發現新的商機。在早前，如果你問一家冷氣機企業：「你們是什麼行業？」他多半會回答：「是製冷行業。」在這裏，製冷行業——就是他給企業的定位。他說錯了嗎？沒有。但他只是站在一個企業生產者的角度，來給企業做的狹隘的定位。他還是處在「我生產什麼，就賣給你消費者什麼」的思維狀態中。

當我們完全站在用戶的角度來看市場，就會發現消費者已不滿足於「製冷」這樣的低要求了。他們希望冷氣機能滿足製熱、消除異味、潔淨空氣等一些新的要求。如果給冷氣機企業定位爲「製造潔淨空氣的行業」，或是「製造適合人類居住環境的企業」時，就會發現新的商機！我們會依用戶需求，開發出除菌的冷氣機、散發香味的冷氣機、加濕去濕的冷氣機等等，甚至還會想到創造美好環境，遠不止壓縮機這一種工具。而所有的這一切，都是來源於我們是「製造適合人類居住環境企業」的新的定位。

曾經以生產百龍礦泉壺而名噪一時，在其企業失敗後所寫的

《總裁的檢討》一書中，寫道：我那時給企業定位是「生產礦泉壺」的行業，現在來看，其實我的企業本質是在「生產純淨水」。如果我能早些認識到我是生產「水」的行業，而不是生產「壺」的行業，我就可能會是中國最早的礦泉水公司了。

2.剔除「不創造價值的流程」，才能創造效益

當一個企業由小發展到大時，企業的制度建設也會經歷由簡單混亂到規範完善的過程，企業裏的各個工作流程，也會逐漸地穩定和固定下來。爲了使企業能夠按照「規範」的程序去運作，還需要不斷地通過各種手段來不斷地強化和固化制度。這是企業發展的必需，也就是我們常說的「規範化管理」。

然而，當我們在過分強調「規範與控制」時，就會慢慢地忽略企業現有流程的正確性和適用性，會理所當然地認爲，現存的流程是有效率的、是完善的。此時幾乎不會去懷疑現有流程，是否已經由於太過完美而顯得臃腫？是否因太過規範而顯得僵化？甚至更不會去懷疑，現有流程中那些是沒有價值的資源浪費和效率阻力？

企業爲了控制而實行多重的內部審批制度，其中很多不合理的流程，既不能爲客戶創造價值，又不是必需的控制點，這些不創造價值的流程必須刪減掉。刪減掉這些多餘的流程也就意味著提升了利潤水準。

美國 MBL 人壽保險公司的例子，也許會讓我們大吃一驚。

MBL 原始業務流程是從顧客填寫保單開始，直到最後開具出保單，整個過程包括 30 個步驟，經過 5 個部門和 19 位員工之手，正常流程需要 5.25 天。這麼漫長的時間中，究竟有多少是創造價值

的呢？經過推算，真正用於創造價值的只有不到 20 分鐘，還不到整個流程的 0.1%，而其餘的時間都在從事不創造價值的無用工作。

對此，MBL 的總裁提出了將效率提高 60%的目標。通過對無價值流程的區分，並通過電腦網路共用數據庫等技術手段，壓縮了線形序列的工作，而且消除了中間管理層，這種從兩個方面同時進行的壓縮，取得了驚人的成效。MBL 在削減 100 個原有職位的同時，每天工作量卻增加了一倍，處理一份保單一般只需要 4 個小時，即使是較複雜的任務也只需要 2～5 天。

事實上，不創造價值的流程存在於企業行政管理、市場營銷、生產控制等各個企業運營系統裏。在一個公司裏，例如購買辦公用品，可能會經歷經辦人、部門經理、分管副總經理，甚至最後到總經理四道環節，時間流程爲 1～3 天，實際上完全可以通過有效授權分工等手段，將環節縮小到兩個，時間縮短到半小時內。如果把這樣的小事放大到整個行政系統，就會發現企業現有行政流程效率問題的嚴重性！

挖出公司裏「不創造價值的流程」，不能簡單地理解爲企業的成本控制和流程再造，它是完全面向客戶，以提高效益、挖掘利潤爲目的的理念和方法。用「不創造價值的流程」的理念，去檢驗企業物流和供應鏈的流程，更是會發現多如牛毛的問題。從原材料、半成品、成品的庫存，到生產線操作人員的搬動走動、工序間因時間差造成的等待，等等，任何一項不創造價值的流程被挖出，都會帶來直接或間接的效益和效率。

3.給資金流加速，挖掘沉澱的利潤

在相當長的一段時間裏，企業經營者對於財務關注的排序是，資產負債表第一，效益表第二，資金流量表第三。這是一種因企業規模擴張過分關注負債，而輕視企業自身運營所導致的結果。資金流對於企業，猶如血液之於人體，無論外在看起來多麼健康魁梧的身體，血液突然不能暢通了，生命也就走到了盡頭。就企業經營而言，在企業的各個運營流程中，資金流可能是最重要的了。

當企業經營者把利潤增長的目光集中在市場銷售增長和壓縮成本上時，很少有人能關注企業裏沉澱的或老牛拉車式的資金流。這裏所說的資金流，不僅僅限於財務的概念，而是企業裏所有佔用和使用資金的流程。企業所需資金的借貸，並非易事，而靠規模創造效益，也將面臨著市場的壓力和管理上的困境。然而，當我們眼光向內，關注企業資金流時，我們可能會爲其如此混亂而大吃一驚。

這是一個企業實例，某企業 2003 年底的財務顯示，企業實際總資產爲 3158 萬元(其中 80%以上爲流動資產)，負債率僅爲 19%；全年收入爲 1537 萬元，淨利潤爲 355 萬元，銷售利潤率爲 23%，淨資產收益率爲 10%。這是一個看上去效益還似乎不錯的中等偏上的企業。企業老闆目前正急著籌措資金，目的是想由此大幅度提高企業的效益。

然而，實際進到企業內部，發現的問題卻是令人大吃一驚！截止到 2003 年底，應收賬款爲 1476 萬元，佔總資產的 47%；存貨爲 1287 萬元，佔總資產的 41%；營運資金爲 2516 萬元，其中貨幣資金只有 150 萬元。難怪老闆感到了資金上的巨大壓力。然而，

他解決問題的方法，是去借貸而不是去挖掘公司裏沉澱的資金流。這家企業面臨的問題，已不是資金和效益的問題了，而是企業可能會因大量的資金沉澱和死賬，導致企業倒閉的嚴峻問題。

幾乎可以肯定地說，假如上述企業能夠有效解決應收款，並減少庫存和庫存週期，至少能提高 10%的效益。

通過聯想的一個統計總結，更能說明資金流的整合與加速所帶來的直接的效益。聯想通過一體化的客戶關係系統、產品研發系統、供應鏈系統等手段，系統合理調動企業人、財、物資源，到 2000 年庫存平均餘額 9.63 億元，與 1995 年相比，節省資金 21 億；資金成本以 6%計，相當於一年降低成本 1.26 億元。內部資金管理的意義可見一斑。

企業的資金流，一是要「流」，二是要合理的「流」，三是要在合理狀況下，實現最小成本最大收益的「流」。資金流幾乎會涉及企業從原材料的購買，到產品最後銷售終端用戶手裏的全過程。而幾乎每一個環節中，都有可能發生資金流的「不合理」甚至是「沉澱」。實現資金合理有效流動的方法有很多，從企業生產源頭的集中競價採購、到中間環節的準時制生產，最後到客戶的信譽等級管理等，方法不一而足。企業規模越大，流程越複雜，資金流的沉澱和不合理性就越大，但同時，企業可能由此挖掘出的「隱藏」的利潤也就越多。

4.用「利潤中心」的理念，發現隱藏的利潤

在傳統管理理念中，企業的市場銷售、行政管理、產品生產和採購倉儲等主要運行系統中，只有市場銷售被認為是「賺錢」的部

門，而其餘部門都被認爲是「花錢」(至少是不賺錢)的部門。所以，企業在這樣的傳統觀念下，想增加新的利潤所採取的「省錢」的辦法，一般是精簡機構、人員裁減、減少浪費等手段，以此降低企業成本，提高企業的效率和獲得效益。

然而，這種「省錢」的辦法，能節省下來的錢不但非常有限，而且可能由於過分的節省，反而造成了對企業整體運作的損害。現代企業觀念，已經不再把人看做企業利潤的壓力，而是被視作企業最寶貴的資源。所以，我們必須換一種思維方式，那就是由「省錢」變爲「賺錢」的思維方式。

假設企業的每一個部門、每一個崗位、每一個人，都能變成「利潤點」或「利潤中心」，那將會出現怎樣的情景呢？

這聽起來似乎是很荒唐的、不可能的事！難道一個倉庫保管員也能去賺錢？培訓部門經理也能創造利潤？海爾電子事業部的員工原來的崗位職責，就是把倉庫裏的產品，按要求及時發送給客戶。在其他製造企業裏，他的崗位實際上就是倉庫的產品保管，標準的叫法，可能叫「發貨員」或是「倉庫保管員」。

然而，他現在的名片是「發貨經理」，這大概是其他企業裏不曾有過的崗位稱呼。這種改變不僅是名稱上的改變，更重要的是目標發生了本質的變化。作爲發貨經理，現在的經營目標就是「貨物的直發率」，即產品從生產線直接發送到客戶要爭取達到 100%。在此之前，作爲「發貨員」的他，直發率只有 20%～30%。他做了一件連她自已都認爲不可能完成的事情。

非但如此，他同企業內部原來上下左右的同事關係，全部變成了內部供求市場關係，這就是海爾所做的企業內部市場化的一場變革。海爾計劃用 10 年的時間，真正讓 3 萬名員工成爲 3 萬個「小公司」。這似乎是一個很難模仿的模式，但無論外界把它叫做 SBU，還是內部市場化變革，只要理解它的一切都是圍繞著「利潤中心」的經營理念，問題就變得簡單易行了——方法和手段可以多種多樣，目的就一個：企業所有資源(包括人)向利潤看齊！

在一家中等規模的企業裏，銷售經理曾激烈地指責行政管理人員：「我們創造的利潤，都是因爲你們管理費用太高而被吃掉了！」這家企業現在嘗試著把企業原「行政管理系統」變爲現在的「支援服務系統」。所有行政管理人員由原來的「管理」變爲了「服務」，原來的「管理費用」，變成了必須有明確出處的「服務費用」。現在，一個銷售人員可以對行政人員說：「對不起，我不需要你的這項服務！所以這筆費用請你自理！」

企業裏的人力資源部，其職責多是爲企業制訂績效指標和監督考核，是個不創造效益的、靜態的管理部門。一家企業的人力資源總監提出來：「我們也要創造利潤！」怎麼樣來創造「利潤」呢？提出來的方法是：由人力資源部門提出三個以上的「員工生產力」的方案，如果被公司採用後，出現了「明顯」的效益，人力資源部將按「明顯效益」的適當比例，提取自己的獎勵。人力資源部也由此把「考核、盡力降低人力資源成本」，變成了「以激勵爲主的工作」。

所有具體的做法，也許未必那麼盡善盡美，也許未能取得預期的效果，但這都不重要！重要的是所有的做法和手段，都是圍繞著

「利潤」和「服務」兩個概念。它既不是簡單的成本核算，也不是職責更加清晰的激勵，它是企業「利潤中心」理念所帶來的新的價值觀！在這裏，具體方法和手段已經變得不重要了。因爲在這樣的理念和價值觀下，人們會創造出許許多多精彩的方法和模式來！

5. 用服務提高產品附加值，創造新的利潤

一個產品的價格，實際上是由「生產成本+附加值」構成的。爲什麼同類型的產品，譬如手錶，有的售價僅幾十元，而有的卻可以賣到數萬元？而同樣質量的產品，譬如西服，有僅僅賣到 800 元的，也有賣到 2000 元的？這其中，就是附加值在起著關鍵作用。產品的附加值，既可能是核心技術，也可能是品牌信譽；既可能是經營手段，也可能是企業文化。

如果不做任何限定，通過附加值給產品增值的方法，可以說非常之多：例如開發自己獨有的核心技術、培育顧客品牌的長期信任度、細分市場帶來的差異化服務等。然而，社會和市場發展到今天，我們發現原來所能使用的方法，在今天似乎已經非常艱難了。現代企業的生產和管理技術水準，已經使企業間在產品實體方面的差距，縮小到了可以忽略不計的程度。能夠取得差異優勢的只能是產品銷售過程中的服務範圍和質量。

在今天，消費者已經越來越關注個性化的服務。對於這樣一種變化，製造業遠不如資訊業等新興產業敏銳，似乎反應得很遲鈍。也許冷氣機業能夠讓我們看到這種遲鈍。冷氣機產品的同質化已是不爭的事實，爲了使同質化的產品儘快獲得消費者的認可，冷氣機企業不是從提供個性化的「服務」入手，而是打起了昏天黑地的價

格戰。

以服務作爲產品差異化的手段並提升其附加值，會看到在當前競爭環境下，服務是多麼的重要。傳統的紙箱包裝業，已經幾乎是透明的、沒有秘密可言的行業了。然而，沿海的一家紙箱企業，卻用服務做出了不尋常的利潤來。

一家需要五層瓦楞紙箱的企業，帶著他們自己的技術設計，找到了這家紙箱企業。但經過分析他們發現，客戶自己設計的這種包裝箱存在缺陷。注意：這並非是無意中的發現，而是他們把給客戶的「服務」，提前到了企業的第一道工序——設計！爲客戶的服務從設計就開始了！

此時，他們並沒有爲了短期利潤照單生產，而是派專人到客戶那裏進行實地調研，得出的結論是使用五層紙箱並不是理想的選擇，相反，由於包裝設計的性能指標及成本都已超過了實際需要，反而造成了不必要的浪費。他們向客戶提出，把原來五層瓦楞紙箱改爲三層，並使用國外高強瓦楞原紙在進口生產線上生產的建議，這樣，既滿足了客戶的要求，節省了包裝成本，又同樣能爲本企業帶來利潤。這樣一個由「設計服務」引出的建議，不但產品以優質的性能獲得了客戶認可，同時使用戶的紙箱包裝成本降低了 30%。

他們不僅僅是把設計變成了服務，而且把技術也變爲了服務。把技術變爲服務的關鍵點，就是要找到能滿足客戶需要的技術，爲客戶提供優質的服務，從而也使自己有更大的市場佔有率。他們對企業的一條柔印生產線進行了改造，使之能生產出「高清晰度彩色柔印瓦楞紙箱」，印刷效果可與膠印機效果相媲美。這是一種不但能提高客戶產品包裝的精美程度，同時也使企業的紙箱包裝成本大幅降低的技術，結果是不言而喻的。

僅僅以服務作爲提升產品的附加值和主要競爭手段，並非是權宜之計。如今的市場競爭環境，已經是擁有核心技術越來越難，生產環節漸趨同質，市場縫隙越來越小，競爭手段漸趨透明；企業的理念也已經由「我生產什麼，你就買什麼」，進入到了「你需要什麼，我就生產什麼」的階段。現在和將來，企業最主要的競爭手段，最有可能是服務，而不是其他的什麼。

心得欄

18

阿里巴巴的盈利模式

一、阿里巴巴的發展

阿里巴巴可能是中國唯一沒有改變過盈利模式的 Internet 公司。

阿里巴巴集團(Alibaba.com)成立於 1998 年年底，是全球企業間(B2B)電子商務的著名品牌，是全球國際貿易領域內最大、最活躍的網上交易市場和商人社區，目前已融合了 B2B、C2C、搜索引擎和門戶。公司總部位於中國的杭州，在中國擁有 16 個銷售和服務中心，在香港和美國設有分公司。

良好的定位、穩固的結構、優秀的服務，使阿里巴巴成為全球首家擁有 210 萬商人的電子商務網站，成為全球商人網路推廣的首選網站，被商人們評為「最受歡迎的 B2B 網站」。

阿里巴巴曾兩次被哈佛大學商學院選為 MBA 案例，在美國學術界掀起研究熱潮，兩次被美國權威財經雜誌《福布斯》選為全球最佳 B2B 站點之一，多次被相關機構評為全球最受歡迎的 B2B 網站、中國商務類優秀網站、中國百家優秀網站、中國最佳貿易網，被中國外媒體、矽谷和國外風險投資家譽為與 Yahoo、Amazon、eBay、

AOL 比肩的五大 Internet 商務流派代表之一。對於阿里巴巴的盈利模式，人們的談論也頗多。阿里巴巴在發展過程中採取「組合盈利拳，進化盈利鏈」的方法，以動態發展為盈利模式。這種盈利模式是難以模仿的。

二、網上交易，網下配送

阿里巴巴被譽為全球最大的網上貿易市場。作為電子商務的代表之一，它的商務活動包括「四流」：信息流、商流、資金流、物流。

所謂信息流，即傳遞商品的信息。傳統商業是通過實物傳遞商品的信息。所謂商場，首先是一個媒體，是傳遞商品信息的媒體。商場將各種各樣的商品擺放在那裏，顧客到商場採購，首先是通過看一看、摸一摸，接收商品信息。然而，這是一個極為昂貴的信息媒體，它需要花費高的店面，需要將大量貴重的商品長期擺放在那裏，不僅要佔用大量資金，每年還會有巨額折舊，許多商品擺放幾年後，就成了廢品。

電子商務，是用電子信息代替實物信息，更為重要的是，通過 Internet 進行信息傳遞，不受時間和空間的限制。企業可以在瞬間將某種商品的圖案、動畫、規格、價格、交貨方式等信息傳到萬里之外的世界各地。產品優與劣，價格貴與賤，瞬息之間就可知道，企業可以與世界各地的用戶達成交易。正因為如此，阿里巴巴在短短幾年內就擁有 210 萬用戶。

當然，也不是所有產品的信息都可以用電子媒體傳遞，比如，有些商品人們要聞一聞味道，有些高檔布料人們要用手摸一摸，這些產品的信息要有實物傳遞。但是，大多數產品的信息都可以用電子媒體代替實物媒體。所謂商流，即客戶之間談價格、談品質、談交易方式、付款方式等，

直到談成生意，簽訂交易合約。商流完全是信息流，不僅雙方談話的內容可以通過電子商務實現，就連雙方交談的過程，也可以通過聲像傳輸，以實現遠端互動。

作為電子商務的構成要素之一，資金流是實現電子商務交易活動的不可或缺的手段。Internet 發展到今天，網上結算問題已有多種解決方案，交易雙方沒有必要再通過現金或支票等實物貨幣進行支付。電子貨幣代替實物貨幣，不僅可以節省和流通費用，而且更加安全可靠。

所謂物流，就是將商品從賣者處搬運到買者處。Internet 出現後，不僅信息流、商流、資金流基本都可以在網上傳遞，就連一部份商品的物流也可以用 Internet 代替。比如，報紙、音樂、電視節目光碟等，這些產品以前都是實物，需要汽車運、火車拉，需要開闢專門的商店進行展示和銷售。有了 Internet 後，這些東西都可以變成電子信息，在網上進行傳遞。當然，能被 Internet 所取代的物流很有限。多數產品的流通，只有信息流、商流和資金流可以在網上進行，物流則要按傳統的方式進行。但 Internet 將不斷改變物流的路線和集散模式，使物流更合理，成本更低。

三、阿里巴巴的盈利模式

阿里巴巴作為中國電子商務界的一個神話，從 1998 年創業之初就開始了它的傳奇發展。它在短短幾年時間裏累積 300 萬的企業會員，並且每天以超過 6000 新用戶的速度增加。它的成功得益於其準確的市場定位，以及前瞻性的遠見。

阿里巴巴在電子商務萌芽階段就迅速切入，並且踏實地做著自己能力能夠做到的事情，誠實守信，並且在實際行動中致力於規範網上電子商務貿易。這一切在 21 世紀初，在電子商務迅速發展的階段，成就了阿里巴巴今天的成績。

每一個成功都是有原因的，阿里巴巴動態發展的模式鑄就了它的盈利傳奇。

「2002 年，阿里巴巴要盈利 1 元；2003 年，要盈利 1 億人民幣；而 2004 年每天利潤 100 萬。」

2002 年 4 月，正值 Internet 寒冬，馬雲表示：「我之所以敢這樣說，是因為阿里巴巴找到了自己的盈利模式。」

1. 模式很簡單

「好的商業模式一定得簡單，阿里巴巴現在的商業模式很簡單，就是收取會員費。」馬雲用 3 年時間實現了當初的目標。據阿里巴巴內部透露出的數據顯示，2004 年，阿里巴巴淨利潤 6 億人民幣。

阿里巴巴的會員分為兩種：一種是中國供應商，一種是誠信通會員。中國供應商主要面對出口型的企業，依託網上貿易社區，向國際上通過電子商務進行採購的客商推薦中國的出口供應商，從而幫助出口供應商獲得國際訂單。其服務包括獨立的中國供應商帳號和密碼，建立英文網址，讓全球 220 個國家逾 42 萬家專業買家在線流覽企業。

誠信通針對的更多是中國貿易，通過向註冊會員出示第三方對其的評估，以及在阿里巴巴的交易誠信記錄，幫助誠信通會員獲得採購方的信任。

截至 2005 年 5 月，通過阿里巴巴註冊的中國供應商有 1 萬家，誠信通會員註冊用戶接近 10 萬家(2004 年底，阿里巴巴上中國供應商的數目為 8000 多家，而誠信通會員為 6 萬家)。據此推算，阿里巴巴年營收應接近 10 億元(其中誠信通每年應收會員費為 2.3 億元，中國供應商每年應收會員費最高為 8 億元)。

中國供應商以及誠信通會員除了容易獲得買家信賴外，還擁有企業信息的優先發佈權，以讓客戶更快找到企業。關鍵在於阿里巴巴必須保證企業的網上身份與真實身份相符，並建立完善的信用評價體系，讓大家在一個相互信任的環境裏賺錢。

保證誠信的方式有 5 方面，即第三方認證(企業資信調查機構提供信用認證，認證的內容包括工商部門的合法註冊記錄、業務授權等)；網下的證書和榮譽；阿里巴巴活動記錄；會員評價和資信參考人。中國電子商務要解決的問題主要是誠信問題，這一整套體系就在於確保解決誠信問題。

阿里巴巴提供的數據顯示，除了付費的中國供應商和誠信通會員，阿里巴巴上還活動著免費的中國商戶 480 萬家、海外商戶 1000 萬家。以浙江永康地區為例(全球最大的滑板車供應地)，當地企業有 70%通過阿里巴巴出口，其中有不少企業出口超過千萬美元。

當這麼多人都能通過阿里巴巴賺錢，阿里巴巴也應該賺些小錢。阿里巴巴的業務沒有彩信、網路遊戲等政策風險，而且出口是國家鼓勵的行業，阿里巴巴上市能獲得比新浪、盛大更高的市盈率。

2.免費淘寶圈地

起初阿里巴巴在 B2B 領域賺得的利潤使得它能夠養得起一個當初只花錢的「孩子」，即阿里巴巴旗下的客戶間(C2C)交易網站——淘寶。

C2C 網站的收費來源，主要包括交易服務費(包括商品登錄費、成交手續費、底價設置費、預售設置費、額外交易費、安全支付費、在線店鋪費)，特色服務費(包括字體功能費、圖片功能費、推薦功能費)，增值服務費(信息發佈費、輔助信息費)，以及網路廣告等。在中國 C2C 市場，淘寶的競爭對手主要是 eBay。與世界級的競爭對手同台，才能顯示自己的實力。馬雲顯示實力的方式就是淘寶的免費策略。

艾瑞諮詢(iResearch)2004 年度調查報告顯示，中國網上拍賣市場上，eBay 的註冊用戶為 950 萬，淘寶網上的註冊用戶為 400 萬，一拍網註冊用戶約 40 萬，其他拍賣網站註冊用戶約 10 萬。

報告還顯示，2004 年中國網上拍賣市場總共約 4250 萬件商品，成交率約為 40%，總成交量約為 1700 萬件，成交金額為 34 億元。其中 eBay 的成交額約為 22 億元，淘寶成交額約為 10 億元。

按淘寶提供的數據，在 2005 年第一季，淘寶的成交額為 10.2 億元，eBay 成交額為 1 億美元，淘寶首次反敗為勝。除了與淘寶提供的本土化服務有關之外，也與淘寶免費政策有關。這就是淘寶後來居上的原因。

有些用戶為了逃避 eBay 的成交費，在 eBay 發現所需貨物後，並沒有用 eBay 的安付通支付，而是選擇了淘寶的支付寶，這使有些 eBay 用戶實際上成為淘寶用戶。支付寶是阿里巴巴旗下的支付寶公司針對網上交易而推出的安全付款服務。支付寶作為信用仲介，在買家確認收到商品前，由支付寶替買賣雙方暫時保管貨款。淘寶提供的數據顯示，淘寶網有近 80%的在線商品交易接受通過支付寶交易。

淘寶的免費模式是對阿里巴巴模式的複製。阿里巴巴在收費之前，經歷了長達 3 年的免費期。阿里巴巴是花投資者的錢，心裏只有對美好未來的信心；淘寶現在燒的錢一部份來自阿里巴巴的盈利，另一部份也來自投資者，同樣基於對未來的信心，因為阿里巴巴就是一個例子。

四、獨特的網站運營模式

阿里巴巴具有明確的市場定位，在發展初期專做信息流，繞開物流，前瞻性地觀望資金流並在恰當的時候介入支付環節。它的運營模式遵循循序漸進的過程，依據中國電子商務界的發展狀況來準確定位網站。首先抓基礎，然後在實施過程中不斷捕捉新的收入機會。從最基礎的替企業架設站點，到隨之而來的網站推廣以及對在線貿易資信的輔助服務、交易本身的訂單管理，不斷延伸。其出色的盈利模式符合企業盈利強有力、可持續、可拓展的特點。

阿里巴巴網站從一開始就有明確的商業模式，它的目標是建立全球最大最活躍的網上貿易市場。

第一，專注信息流，彙聚大量市場供求信息。雖然阿里巴巴當初還暫時停留在信息流階段，交易平臺在技術上並不難，但沒有人使用，企業對在線交易基本上還沒有需求，因此做在線交易意義不大。這是阿里巴巴最大的特點，就是做今天能做到的事，循序漸進發展電子商務。

功能上，阿里巴巴在充分調研企業需求的基礎上，將企業登錄彙聚的信息整合分類，形成網站獨具特色的欄目，使企業用戶獲得有效的信息和服務。阿里巴巴主要信息服務欄目包括：

⑴商業機會。有 27 個行業、700 多個產品分類的商業機會供查閱，通常提供大約 50 萬供求信息。

⑵產品展示。按產品分類陳列展示阿里巴巴會員的各類圖文並茂的產品信息庫。

⑶公司全庫。公司網站大全已經彙聚 4 萬多家公司網頁。用戶可以通過搜索尋找貿易夥伴，瞭解公司詳細資訊。會員也可以免費申請自己的公司加入阿里巴巴公司全庫中，並鏈結到公司全庫的相關類目中，方便會員瞭解公司全貌。

⑷行業資訊。按各類行業分類發佈最新動態信息，會員還可以分類訂閱最新信息，直接通過電子郵件接受。

⑸價格行情。按行業提供企業最新報價和市場價格動態信息。

⑹以商會友。商人俱樂部，在這裏會員交流行業見解，談天說地。每天在咖啡時間為會員提供新話題，為會員分析如何做網上行銷等。

⑺商業服務。航運、外幣轉換、信用調查、保險、稅務、貿易代理等諮詢和服務。這些欄目為用戶提供了充滿現代商業氣息，豐富實用的信息，構成了網上交易市場的主體。

第二，採用本土化網站建設方式，針對不同國家採用其當地語言，簡易可讀，這種便利性和親和力將各國市場有機地融為一體。阿里巴巴已經建立運作四個相互關聯的網站：英文網站，簡體中文網站，繁體中文網站，韓文網站，日文網站。這些網站相互鏈結，內容彼此交融，為會員提供一個整合一體的國際貿易平臺，彙集全球 178 個國家(地區)的商業信息和個性化的商人社區。

第三，在起步階段，網站放低會員準入門檻，以免費會員制吸引企業登錄平臺註冊用戶，從而彙聚商流，活躍市場。會員在流覽信息的同時也帶來了源源不斷的信息流和創造無限商機。截至 2001 年 7 月，即在起步階段，阿里巴巴會員數目已達 73 萬，分別來自 202 個國家和地區，每天登記成為阿里巴巴的商人會員超過 1500 名。阿里巴巴會員多數為中小企業，免費會員制是吸引中小企業的最主要因素。在市場競爭日趨複雜激烈的情況下，中小企業當然不肯錯過這個成本低廉的機遇，利用網上市場抓住企業商機。大大小小的企業活躍於網上市場，反過來為阿里巴巴帶來了各類供需，壯大了網上交易平臺。阿里巴巴每月頁面流覽量超過 4500 萬，信息庫存買賣類商業機會信息達 50 萬條，每天新增買賣信息超過 3000 條，每月有超過 30 萬個詢盤，平均每條買賣信息會得到 4 個回饋。

第四，阿里巴巴通過增值服務為會員提供了優越的市場服務，增值服務一方面加強了這個網上交易市場的服務項目功能，另一方面又使網站能有多種方式實現直接盈利。阿里巴巴的盈利欄目主要是：中國供應商、委託設計公司網站、網上推廣項目和誠信通。中國供應商是通過阿里巴巴的交易信息平臺，給中國的商家提供來自各國國際買家的特別詢盤。客戶可以委託阿里巴巴做一次性的投資建設公司網站，這個項目主要是阿里巴巴幫助企業建立擁有獨立域名網站，並且與阿里巴巴鏈結。網上推廣項目，是由郵件廣告、旗幟廣告、文字鏈結和模塊廣告組成。郵件廣告由網站每天向商人發送的最新商情特快郵件插播商家的廣告；文字鏈結將廣告置於文字鏈結中。誠信通能幫助用戶瞭解潛在客戶的資信狀況，找到真正的網上貿易夥伴；進行權威資信機構的認證，確認會員公司的合法性和聯絡人的業務身份；展現公司的證書和榮譽，業務夥伴的好評成為公司實力的最好證明。

第五，適度但比較成功的市場運作，比如福布斯評選，提升了阿里巴巴的品牌價值和融資能力。阿里巴巴與日本 Internet 投資公司軟銀(Softbank)結盟，請軟銀公司首席執行官擔任阿里巴巴的首席顧問，請世界貿易組織前任總幹事、現任高盛國際集團主席兼總裁彼得· 薩瑟蘭擔任阿里巴巴的特別顧問。通過各類成功的宣傳運作，阿里巴巴多次被選為全球最佳 B2B 站點之一。2000 年 10 月，阿里巴巴成為 21 世紀首屆中國百佳品牌網站評選「最佳貿易網」。

中國供應商是依託世界級的網上貿易社區，順應國際採購商網上商務運作的趨勢，推薦中國優秀的出口商品供應商，獲取更多更有價值的國際訂單。截至 2003 年 5 月底，加盟企業近 3000 家。2002 年 3 月阿里巴巴開始為全球註冊會員提供進入誠信商務社區的通行證——誠信通服務。阿里巴巴積極宣導誠信電子商務，與鄧白氏、ACP、華夏、新華信等國際中國著名的企業資信調查機構合作推出電子商務信用服務，幫助企業建立網上誠信檔案，通過認證、評價、記錄、檢索、回饋等信用體系，提高網上交易的效率和成功的機會。

五、阿里巴巴的成功點

如果說亞馬遜是全球 B2C 的典範，那麼阿里巴巴是世界 B2B 的典範。它是世界規模最大而且多管道、高盈利的 B2B 網站。

阿里巴巴成功的第一招是搶先快速圈地。1988 年馬雲以 5 萬元起家時，中國 Internet 先鋒瀛海威已經創辦了 3 年。瀛海威採用美國 AOL 的收費入網模式，對於經濟發展水準高的國家，本身經濟實力強而且網路信息豐富的 AOL 是適用的。馬雲並沒有採用瀛海威的收入模式，而採用了免費大量爭取企業的方式，就一個個人出資的公司而言，這是非常有洞見和魄力的，堅持這樣一種模式是需要堅毅的精神的。

在遭遇 Internet 寒冬的 2001 年，馬雲給公司定了一個目標，要做最後一個站著的人。今天是很殘酷，明天更殘酷，後天很美好，但是很多人都看不到後天，因為他們死在明天的晚上。這種搶先圈地的模式堅持下來並貫徹至今，不能不說是一種奇蹟和勝利。時機本身是最不可模仿的，現在如果誰再重覆阿里巴巴的這一戰略，還可能佔有這麼多的企業嗎？

如果僅僅逗留在圈地上，阿里巴巴就無法獲得 4 次私募融資，早就灰飛煙滅了。

馬雲成功的第二招，是利用第一步的成功確立了企業的信用認證，敲開了創收的大門。信用對於重建市場經濟和經濟剛起飛的中國市場交易是攔路虎，電子商務尤為突出。馬雲抓住了這個關鍵問題，2002 年力排眾議創新了中國 Internet 的企業誠信認證方式。如果說，這種方式在普遍講誠信的發達國家是多餘的，在中國則是恰逢其時了。

阿里巴巴既依靠了中國外的信用評價機構的優勢，又結合了企業網上行為的評價，恰當配合了國家和社會對於信用的提倡。由於有了創收的管道，2002 年馬雲給公司提出一個目標，全年賺 1 塊錢；到 2003 年的時候，就達到一天 100 萬了。這個項目，現在給阿里巴巴帶來每年幾千萬元的不斷增加的收入。

這裏要特別指出，中國信用問題突出，不等於企業就願意參與阿里巴巴的誠信通認證。在引導企業繳費加入誠信通方面，阿里巴巴巧妙利用了它搶先圈地的成果。幾百萬的企業為它提供了大量的企業需求信息，這對於企業而言是非常寶貴的信息。阿里巴巴只對於通過誠信通的企業提供需求信息，還通過電子郵件一年提供 3600

條。這些需求信息對於眾多千方百計尋求訂單的企業來說，其價值不言而喻，最起碼也有把握現實的市場動態的參考價值。用圈地中換取的關鍵信息作為企業進入創收項目的「誘餌」，這也是難以模仿的。

阿里巴巴的第三招，是它掌握 5000 家的外商採購企業的名單，可以實實在在地幫助中國企業出口。對每家企業收費 4～6 萬元又給阿里巴巴帶來每年幾千萬元的收入，並帶來中國外的知名度。這一招其他公司也可以學，但阿里巴巴有最大規模的供給信息和誠信通為基礎的優勢，其他公司是難以模仿的。

雖然阿里巴巴的關鍵招數並不多，但是招數的單純性、組合性、連貫性和有效性非常突出。最典型的例子就是 2001 年間，馬雲險些迷失方向。獲得兩輪風險投資後，「想做大」的馬雲邀請了多名在海外有優秀履歷的人才。在阿里巴巴內部，堅持各種生意模式的人都有，終於，到 2002 年底，馬雲將他們一一清退，同時，他把當時佔據公司收入 60%的系統集成業務一刀砍下，以保證公司繼續按自己設定的方向前進。

阿里巴巴的盈利模式雖然難以模仿，但其背後的思想和理念是可以學習借鑑的，我們可以學習阿里巴巴對於網路形勢的深度洞察，發現可以撬動公司發展的杠杆點，以創新作為杠杆，以執行力撬動杠杆。

阿里巴巴難以模仿的盈利模式，核心就是難以模仿的創新。創新，不僅僅要考慮有效性，還要考慮難以模仿性，難以模仿給阿里巴巴帶來的是巨大的效益。

我們不拒絕模仿，當面對的模仿目標難以模仿時，要以創新超越。創新是無限的，不要餒於模仿。

◎ 要善於整合資源

在美國的一個農莊，有一位老人，膝下有三個兒子，大兒子、二兒子都在城裏安家樂業，小兒子在家照顧他。

有一天，一個人找上門來，他對老人說：「老人家，我給你家的小兒子在城裏找了一份工作，讓我帶他去行嗎？」

老人一聽，生氣地吼道：「不行，絕對不行，請你現在就滾蛋！」

這個人又說：「如果我給你兒子在城裏找個媳婦，可以嗎？」

老人還是很生氣，指著門口說：「不行，滾吧，越遠越好！」

這個人一點也不生氣，又說：「假如我給您兒子找的對象——你未來的兒媳婦是石油大王洛克菲勒的女兒呢？」

老人想了半天，為兒子做洛克菲勒的女婿這樣的事徹底打動了。

幾天後，這個人拜訪了美國石油大王洛克菲勒說：「尊敬的洛克菲勒先生，我給您的女兒找了一個丈夫。」

洛克菲勒吼道：「快滾吧！」

這個人不慌不忙地說：「如果您未來的女婿是世界銀行的副

總裁呢？」洛克菲勒思考了片刻，表示同意這門親事。

幾天過後，這個人又拜訪了世界銀行的總裁，對他說：「尊敬的總裁先生，你應該馬上任命一個副總裁！」

總裁搖搖頭說：「沒這種可能，我的副總裁已經夠多的了，為何還要多此一舉呢？還必須是『馬上』？」這個人說：「假如你任命的這個副總裁是洛克菲勒的女婿，可以嗎？」

總裁當下表示沒問題。

這個故事告訴我們一個道理：很多時候，一個事情之所以看起來不可行，是因為資源處於各自分散的地方，沒有人把它們整合起來。分散的資源各自並不能產生效益，但是優秀的管理者善於把這些分散的資源進行恰當整合，最終就可以獲得難以想像的效益。

資源如何才能夠整合在一起呢？這就需要管理的智慧。管理的智慧就是有效地將分散的東西聚合在一起並使之產生效益的智慧，能夠整合資源者最終會得到財富。

19

加盟連鎖模式：麥當勞

1937 年，狄克· 麥當勞與兄弟邁克· 麥當勞在洛杉磯東部開了一家汽車餐廳。他們製作的漢堡包味美價廉，深受顧客歡迎。雖然每個漢堡包只賣 15 美分，但年營業額仍超過了 25 萬美元。不過，隨著其他汽車餐廳越來越多，經營也越來越艱難。

針對這種情況，麥當勞兄弟大膽進行特許經營，開始出售麥當勞的特許經營權。

1953 年，一個名叫福斯的人僅向麥當勞兄弟支付了 1000 美元，便取得了麥當勞的特許經營權，在鳳凰城開了一家麥當勞速食店。但是在早期，加盟店除了獲得一週貨款和快捷服務的基本說明外，其他什麼都沒有。無論在財務上還是在經營上，加盟店都必須完全依靠自己。也正因如此，許多麥當勞加盟店便隨心所欲地改變麥當勞漢堡包口味或者經營品種，嚴重損害了麥當勞的聲譽。十幾家麥當勞加盟店的經營狀況普遍籠罩在失敗的陰影中。

這時，克羅克出現了。當時，克羅克只是一位紙杯和混拌機的推銷商，但是他對於麥當勞巨大的發展潛力比麥當勞兄弟認識的還要清楚。當時正值美國進入經濟高速發展的階段，人們的生活、工作節奏加快，用於吃飯的時間越來越短，特別是個人大量擁有汽車後，途中快速用餐的需求也出現了。克羅克知道，像麥當勞這樣乾淨衛生、經濟合算、品質優良而且方便快捷的速食店，一定會大受歡迎。克羅克經過與麥當勞兄弟洽談，成為麥當勞在全美唯一的特許經營代理商。1954 年，克羅克作為麥當勞特許經營的代理商，替麥當勞兄弟處理特許經營權的轉讓事宜。

1961 年，麥當勞兄弟以 270 萬美元的價格，把麥當勞全部轉讓給了克羅克，從此麥當勞走上了以特許經營方式快速發展的高速公路。1968 年麥當勞有 1000 家店鋪，1978 年就達到 5000 家。經過 40 餘年的發展，麥當勞已有 28000 餘家店鋪，遍佈全球 128 多個國家和地區。如今，麥當勞已被公認為世界名牌速食店之一，其金色的拱形「M」標誌在世界市場上已成為不用翻譯即懂的大眾文化，其企業形象更是在消費者心目中深深紮根。

在全球的麥當勞餐廳中，有 70%的餐廳是由特許經營者經營管理的。美國麥當勞的 13000 家門店中，特許經營比例高達 86%。麥當勞作為世界上最成功的連鎖經營者之一，以其引以自豪的連鎖經營方式，成功地實現了異域市場拓展和國際化經營。在其連鎖經營的發展歷程中，積累了許多寶貴的經驗。首先，克羅克改變了原來麥當勞系統中特許人與受許人互不相干的狀況，他認為特許人的成功取決於受許人的成功。只有當每個受許人富裕了，整個特許經營系統才能變得更強大。因此，克羅克非常重視加盟店的經營情況。在早期，每一家加盟店的特許費只有 950 美元，其他費用是按加盟店的營業額的 1.9%收取的，所以總部的利潤與加盟店的經營狀況密切相關，總部與加盟店的經濟利益是一致的。

麥當勞的成功緣於它的創始人創造了一種適應時代要求的商業模式，並透過制訂統一和規範化的標準，使其可以迅速的複製擴張。在經濟高速發展的時代，伴隨著人們生活節奏的加快，用於吃飯的時間越來越短，特別是個人大量擁有汽車後，途中快速用餐的需求出現了，而在一些機場和高速公路路口設立的麥當勞速食店滿足了人們的需要。

麥當勞的成功還源於它的標準化和規範化運作。麥當勞在全世界有 3 萬多家店面，在它的任何一個餐廳，櫃台都是 92 釐米高；店鋪內的佈局也基本一致：壁櫃全部離地，裝有屋頂冷氣系統；其廚房用具全部是標準化的，如用來裝袋用的 V 形薯條鏟，可以大大加快薯條的裝袋速度；用來煎肉的貝殼式雙面煎爐可以將煎肉時間減少一半；所有薯條採用「芝加哥式」炸法，即先炸 3 分鐘，臨時再炸 2 分鐘，從而令薯條更香更脆；在麥當勞與漢堡包一起賣出的可口可樂，據測在 4℃時味道最甜美，於是全世界麥當勞的可口可樂溫度，統一規定保持在 4℃；麵包厚度在 17 釐米時，入口味道最美，於是所有的麵包做 17 釐米厚；麵包中的氣孔在 5 釐米時最佳，於是所有麵包中的氣孔都為 5 釐米。這就是麥當勞的經驗。當然，這套標準化體系，是它用了幾十年工夫建立起來的。

一、連鎖經營方式

一般特許經營總部往往受金錢的誘惑而「剝削」加盟店，如收取很高的特許費，販賣原材料、器材和成品給加盟店等，從而破壞長久的合作關係，但克羅克堅決反對這種做法。麥當勞的誠意換來了加盟者的忠誠。相互制約、共存共榮的合作關係，為加盟者各顯神通創造了條件，使各加盟者的行銷良策層出不窮。這又為麥當勞品牌價值的提升立下了汗馬功勞。

其次，不採用區域特許權制度。儘管出售區域特許權更容易賺錢，但同時也增大了風險。因此，麥當勞一次只賣一個餐館的特許權，同時規定表現優異的加盟者可以擁有多家加盟店。

再者，麥當勞對加盟者的財務狀況有非常明確且嚴格的要求。在加盟之初，加盟者必須先支付加盟費。如果加盟者購買的是新店鋪，則需要支付總成本的 40%；如果是舊店鋪，加盟者只需要支付成本的 25%。這些資金必須來自加盟者個人的自有資金，即加盟者所持有的現金、證券、債券等。由於每家店的情況不同，所以收取加盟金的多少也沒有嚴格量化。通常個人非借貸資金在 17.5 萬美元以上，麥當勞才會考慮其是否能參與加盟。少數情況下，麥當勞還允許設備租賃，這僅僅是針對那些特別優秀的候選人。不過即使如此，麥當勞仍然要求加盟者起碼擁有 10 萬美元以上的自有資金。

當然，這些錢不是白白支付的。麥當勞為加盟者提供了一整套員工培訓、人力資源、服務運作、設計、市場行銷、機械設備和採購的服務，從而確保加盟店的表現和麥當勞品牌的一致性，確立麥當勞領先的地位。

最後，對所有加盟者實行統一的麥當勞獨特的經營方針，那就是重視品質、服務、衛生和經濟實惠。

正是以這一套經營理念為核心，麥當勞創下了世界最大連鎖體系的記錄。

二、麥當勞的盈利模式分析

美國企業聯合會主席約翰・丹尼曾經說：「不僅餐飲企業、零售行業要向麥當勞學標準化，而且所有的企事業單位甚至政府部門，都應該向麥當勞學標準化執行！」標準化的商業模式對企業的發展將會產生重要的意義。

1.降低成本

標準化的第一作用就是降低成本。標準是企業結合多年的智慧和經驗的結晶，代表了企業目前最有效的執行方式，也是最好、最容易、最安全的作業方式或方法。

標準化的執行方式，可以提高企業的生產效率，減少生產過程中的消耗或損耗，減少生產過程中的浪費，間接地降低了生產成本，而產品設計中的標準化推進則能直接地降低企業的生產成本。

2.便利性和相容性

大批量生產使商品越來越物美價廉。標準化的生產模式為各行各業都提供了極大的便利性和相容性。

3.減少變化

變化是企業管理的大敵，所以，推進標準化就是透過規範企業員工的工作方法，減少結果的變化，在企業內員工的操作是根據作業指導書來進行的。標準化的操作方式，可以保障工作的效率，還能對產品品質提供最有力的保證。

4.明確責任

標準化的商業模式可以促進企業更簡單的確定問題的責任。在推進了標準化的企業裏，如果一項不好的操作就會導致一個問題的出現，企業可以透過操作語言重覆這項操作來確定問題的責任，是主管制訂的作業指導書不好，還是操作員沒有完全按照作業指導書進行操作，明確了責任之後，才可能對今後的工作做出改進與對策。

5.累積技術

如果一個員工在工作實踐中找到了某項工作最佳的方法，卻沒有拿出來與他人共同分享，那這個方法就隨著這個員工的離職而流失了，如果推進標準化就可以讓這個好的方法留在公司裏面，所以就可以累積技術。

三、麥當勞連鎖模式的研究

對具有比較成熟商業模式的企業來說，不斷地迅速擴展和複製，無疑是做大做強的唯一途徑。成熟的商業模式實際上是回答 3 個問題：

第一個問題清楚自己賣的是什麼。德魯克說：「你一定要弄清楚，我現在做的是什麼？我將來要做的是什麼？為了實現我要做的這些目標，我現在該做什麼？」這是企業必須回答的 3 個問題。對於現階段的企業而言，很迫切的一個問題是，客戶實際需要的到底是什麼？

麥當勞是在賣什麼？在美國和在世界各地也是賣的不一樣，麥當勞賣的實際上是一個房地產的模式。院線、電影院賣的不是電影票，電影票是可以打價格戰的，因為你賣的這個產品是以同質化產品來交換的。那什麼東西是不需要打價格戰的？是在看電影的過程當中消費的這些食品，後來設計出兩種帶不進去的產品。一個是爆米花，爆米花拿進去就軟了，一個是冰激淩，冰激淩帶進去就化了，所以在專屬產品的時候價格賣的特別高，是不打價格戰的。

第二個是抓住客戶真正在乎的是什麼，即實現客戶的價值主張。客戶永遠是企業的衣食父母，只有抓住了客戶的需求，企業才能持久的生存。

第三個是擁有獨享的資源和自己擅長的東西。換句話說為什麼是你賣而不是別人賣，也就是你的東西很有賣點，而且也只有你能賣。這一問題的背後是你能不能從中賺到錢，你的盈利公式是什麼，你的收費模式是什麼，你的現金流能不能夠從一開始基本上呈現出的是正向現金流，等等。

這 3 個問題加上時間的維度即這個模式的持續性，就構成了企業擴展、複製、放大的趨勢。肯德基的戰略性連鎖加盟就是一個成熟的商業模式。

20
平臺交易模式：eBay 網站

一、eBay 運營方式

相傳，在古代，有一位姓王的人家，在門前的小院裏種下一棵梧桐樹，全家人對小樹關愛有加。幾年後，小梧桐長成了參天大樹。一天，不知從何方飛來幾隻美麗的大鳥，停在樹上高聲鳴叫，聲音清脆悅耳。一會兒，一大群各種鳥類也飛了過來，跟隨大鳥停在梧桐樹上鳴叫不已，霎時間百鳥和鳴，熱鬧非凡。從此王家家業發達，人丁興旺，成為遠近聞名的大戶有錢人家。

這幾隻美麗的大鳥就是傳說中的百鳥之王——鳳凰，各種鳥類隨鳳凰翔集就是傳說的「百鳥朝鳳」。「栽下梧桐樹，鳳和鳥齊鳴」，從商業角度分析，這是一種很好的盈利模式，eBay 的成功就源於此盈利模式。

eBay 網站是全球最受矚目的 Internet 企業之一，成立於 1995 年，現在是世界上最大的網上交易平臺之一。目前，eBay 已經佔領了全球在線拍賣市場，2004 年利潤達到 7.78 億美元，交易額達 340 億美元。

作為世界上最大的網上交易平臺之一，eBay 的目標為「幫助地球上任何人完成任意商品的買賣交易」。每天，eBay 把全球數千萬買家和賣家結合在一起，短短幾年，就賣出了 210 多億美元的商品，而它自己並不擁有任何商品。目前，eBay 上有 700 多萬件各種類別的商品，包括照相機、電腦、珠寶、汽車、個人收藏品等。

eBay 成立於 1995 年 9 月，是世界最大最著名的拍賣網站之一，也是全球最著名的網上拍賣站點之一，現在是世界上最大的網上交易平臺之一，任何人都可以在這裏出售商品和參加拍賣。目前，eBay 已經佔領了在線拍賣市場，成為全球最成功的電子商務網站之一。

易趣成立於 1999 年 8 月，被譽為「中國電子商務的旗艦網站」。2002 年 3 月，eBay 向易趣投資 3000 萬美元，收購了易趣美國公司 33%的股份，雙方展開密切合作；2003 年 6 月 12 日，eBay 以 1.5 億美元收購了易趣美國公司剩餘的 67%股份，完全控股易趣。

俗話說：「栽下梧桐樹，鳳和鳥齊鳴。」在商界中，這是一種非常好的盈利模式，梧桐樹是交易平臺，鳳凰和百鳥是平臺上的商品經營者，「鳳鳥和鳴」的絕妙聲音，可以招徠成千上萬的顧客前來購物，從而使梧桐樹成為搖錢樹，栽樹者自然財源滾滾。只要搭好了上佳的交易平臺，讓梧桐樹枝繁葉茂，鳳凰百鳥就會蜂擁而至，企業就可以盈利。作為電子商務平臺之一，eBay 的成功之處就在於它選擇了一個特殊的盈利模式——平臺交易模式。

提起在線拍賣，人們首先想到的就是 eBay。在商業世界裏，eBay 的 C2C 拍賣模式無疑取得了巨大的成功，它在眾多進入電子商務的道路中捷足先登，創造了一條極為吸引人的方式，eBay 模式被紛紛效仿。

二、eBay 的運營狀況

eBay 發佈的 2007 年第一季財報顯示，毛利為 17.7 億美元，同比增長 27%；淨利潤為 3.77 億美元，同比增長 52%。

按照業務劃分，2007 年第一季，eBay 網路拍賣服務毛利為 12.5 億美元，比 2006 年同期的 10.2 億美元增長 23%。截至第一季末，eBay 網路拍賣平臺共有 2.33 億名註冊用戶，比 2006 年同期的 1.93 億人增長 21%。eBay 網路支付服務 PayPal 的毛利為 4.39 億美元，比 2006 年同期的 3.35 億美元增長 31%。截至第一季末，PayPal 的帳戶總數為 1.43 億個，比 2006 年同期的 1.05 億個增長 36%。PayPal 第一季的總支付金額為 113.6 億美元，比 2006 年同期的 87.7 億美元增長 30%。

2007 年，eBay 第一季運營利潤率為 26.5%，高於 2006 年同期的 23.2%。eBay 運營利潤率的增長，主要得益於有效的支出控制。eBay2007 年第一季有效稅率為 24%，低於 2006 年同期的 29%，以及上一季的 28%。按照美國通用會計準則，eBay2007 年第一季運營現金流為 5.64 億美元，同比下滑 3%；自由現金流為 4.79 億美元，2006 年同期為 4.51 億美元。

eBay 對於買家是完全免費的，但對於在網站上展示和銷售其產品的賣家卻是收費的。

除汽車和房地產外，eBay 上所有商品的展示費從 25 美分到幾美元不等。如果要在產品中加入黑體字或者照片，還要另外收費。如果賣家將展示的產品銷售出去，還必須按銷售價格抽取一定比例的費用付給 eBay。如果競標失敗，eBay 只向賣家收取 0.25～2 美元不等的資料費，具體數額根據賣家的資料或圖片的多少而定，但最多不超過 2 美元。所以，eBay 的收入主要來自產品費和交易服務費。對於每一個做成交易的賣家來說，他們無須向支付網站交納使用費，只需要支付商品展示費和交易提成，相對於實體店鋪的高額租金來說，這些費用就顯得微不足道了。eBay 平均每天發佈 50 萬條拍賣信息，有 50%的拍賣最終達成交易，因此 eBay 在 2004 年獲得 20.9 億美元的收入也就不足為奇了。eBay 主要就是靠產品展示費和交易服務費獲利。此外，eBay 還有一些其他的收入來源，包括廣告收入、銷售傭金、通過提供其他站點的鏈結而獲得的轉介收入。

三、eBay 平臺交易模式

1. 搭建平臺是關鍵

進入 21 世紀，電子商務已在世界迅速擴展，電子商務公司的盈利模式就是利用電子網路搭建交易平臺，從交易中賺取交易費。在它的直接作用和間接作用下，產業經濟、國民經濟乃至世界經濟正生長出許多新的增長點。

電子商務是個相當龐大的市場，在有些人眼中，電子商務好像很容易，只需建立一個網上店面，開始賣東西就行了。事實上沒有這麼簡單，目前中國的電子商務公司那麼多，絕大部份並不賺錢，因為沒有掌握搭建交易平臺的良好方法。

交易平臺模式的重要功能體現在平臺本身，參與交易的供應商和客戶越多，這個平臺就越有價值。隨著交易量的增加，通信成本和交易成本將持續降低，即使對每一筆交易少量收費，也是有利可圖的。

2. 商業模式

eBay 的網路拍賣站點始建於 1995 年 9 月，其方便靈活的交易方式立即吸引了大量用戶，在此後一年多的時間裏，它處理的交易量超過 20 萬筆。每天 eBay 的待拍數量達 50 萬件之多，分別屬於從古董到體育用品再到兒童玩具 1000 個不同的物品目錄。eBay 成功進行了 2100 萬筆交易，總成交額達 8000 萬美元，擁有 85 萬註冊用戶，eBay 的股票價值已超過 200 億美元。eBay 效應引起了人們的極大關注。

作為 C2C 的經營模式，eBay 電子拍賣網可以說是虛擬中的虛擬，它無須存貨，不用為貨物的可靠性負責，但它向客戶提供了多種貨品種類的選擇。消費者只要在網頁內，輸入打算出售的貨品，電腦就會自動處理交易，拍賣者也可把競價自動化，讓電腦自動處理磋商過程。eBay 則對成交的買賣收取不同百分比的傭金，由於運作非常電子化，eBay 可「坐著收錢」。

eBay 採用的推廣管道不多，主要有印刷廣告、收音機廣告和在其他網站登廣告，但滲透率相當高，主要是其利用了 Internet 的推廣特性。eBay 是一個獨特的社群，在這裏能借著用戶口傳推廣建立會員。其次，在過去 4 年，傳媒對 eBay 的注意力，亦有助於吸引新會員。

eBay 還有一特點，就是吸引客戶的不只是貨品，還有種種其他商業模式難以滿足的購物心理。首先，網上拍賣能滿足客戶的好奇心理，eBay 是一個容納形形色色貨品的大型電子購物商場。在這裏，人們可從網站中找到自己喜歡的。

其次，不同客戶持有不同的購物心理，有的善於討價還價，有人喜歡明碼實價，亦有客戶專愛競價，拍賣網站便滿足了最後一種客戶心理。經過競爭才能據為己有的拍賣品，客戶會抱有不一樣的心情，這也是貨品與拍賣品的分別。

以玩具為例，看似為小朋友而設計，但又不是小孩的專利。事實上，很多大人因為小時候買不起心愛的玩具，長大後賺到錢時，再遇「舊愛」也願意付錢買回童年的夢想。有些大人更會刻意搜尋小時候未能擁有的玩具，彌補兒時遺憾。eBay 的出現，可令很多人尋回童年回憶。

當然，eBay 的運作並非十全十美，其中，不干涉物件交易的政策，便容易出現詐騙案，出售貨品是否違法也不能忽視。於是，監察拍賣品是否違法花了 eBay 不少工夫。據悉，曾經有一對芝加哥夫婦想把自己的嬰兒放在 eBay 網站內拍賣，也有人想拍賣自己的腎。對於這些違反用戶協議的貨品，eBay 毫不猶豫地中斷交易者的網址，但這都是治標不治本的方法，為了徹底解決問題，eBay 與用戶社區合作。eBay 要求所有打算在網站內出售物件的用戶，提供信用卡資料，eBay 相信這可阻礙企圖在網站詐騙和惡作劇的不法之徒。不法之徒如堅持惡行，eBay 便可利用信用卡資料，與法律執行組織合作處理事宜。

eBay 上的商品原來主要來自中小企業，後來不斷向大企業擴張，走出地下室進入倉庫，幾十家有過剩庫存的大公司已經佔據 eBay 商品交易的一定比例。eBay 的發展速度十分驚人，該公司每年新增的商品和客戶、每年的收入和淨利潤都在翻番。eBay 的年收入超過了 8 億美元，商品交易額達到了 93 億美元。eBay 用戶每次訪問平均在網站停留 24.3 分鐘，eBay 已成了一個真正全球性的網上交易市場。

三、eBay 盈利模式的分析

在線拍賣最大的優勢是將拍賣這種貴族化的交易方式利用 Internet 的特點，變成平民交易，無論是誰，無論在那裏，只要可以上網，就可以在網上競拍賣任何物品，並且可以隨時成交。另一方面，每個人或多或少都有一些用不著的東西，需要找一個合適的平臺，以一個比較理想的價格將其賣掉。在線拍賣迎合了人們的需求，人們在網上出售多餘的物品或進行網上淘金，尋找自己的寶貝，最後以公平的價格成交。

eBay 的成功案例無疑給 IT 廠商提示了一條進入電子商務的道路。

中國第一個網上跳蚤市場是一個取名為雅寶(Yabuy)中文拍賣網站的大型專業網站，也許受 eBay 的影響很深，Yabuy 無論從運作方式還是從名稱上，都與 eBay 有許多相似之處。網站一經推出，就在中國創造了無數之最：最早開通在線拍賣、用戶數目最多、成交數量最大等，轟動一時。eBay 作為 C2C 的商業模式，它讓買賣雙方自行交易，自己則收取登錄費和成交傭金。對於這樣一家網站來說，最重要的是流量的多少與顧客的關係，這也是 eBay 成功的關鍵所在。

eBay 有許多老顧客，包括買方和賣方，這意味著它已成功地建立起一個自律的虛擬市場。eBay 雖不介入拍賣的交易過程，但是它在網站上公開買方對每一個賣方的評價，供買方在購買前作參考。有負面評價的賣方自然交易機會就少了，這種顧客回饋形成網站信息的可信度，使人們對 eBay 比傳統分類廣告更有信心，而顧客的忠誠度就是建立在這種信心之上的。但是，eBay 也有不足之處。

eBay 主要是消費者對消費者的商業模式，並創下了 84%的毛利率。然而，它無法向想拍賣產品給消費者的企業提供服務，而且 eBay 也面臨著技術上的挑戰。據統計資料顯示，有一次，僅一個月中，eBay 的網站就停擺 4 次。所有的網站都應該有應付網站運作失敗的對策，Jupiter Communication 的分析師 Ken Allard 估計有 30%的流量高達每天 100 萬人次的網站出現過技術困難的問題，如何在這種時刻仍然保證對顧客的承諾和支持是很重要的。

此外，目前拍賣網站都面臨著「Shilling」的危機，也就是一個假的買者與賣者串通來操縱拍賣過程，把競價抬高。網上拍賣者都沒有對這種假買方(稱為 Shill 或 Shield)進行有效的遏制，這也是網上拍賣成長的絆腳石。

網上拍賣對 Internet 公司來說，運作相對簡單，完全電子化的交易只需公司提供一個交易的平臺和完備的服務，即可「坐著收錢」。且在網上拍賣極具市場潛力，消費者的心理得到極大滿足，貴族化的傳統拍賣形式平民化，消費者樂得自己當一回「國王」，滿足自己的購物心理。然而，創造出一個好的經營模式並非一勞永逸，網路企業必須建立一個自律的虛擬市場，保證拍賣交易過程的公平與透明。同時，網路企業還要不斷進行改進與升級。

心得欄 ------------------------------

21 充分降低成本、控制費用

沃爾瑪公司是一家總部設在美國阿肯色州的連鎖超市，是目前全球最大的零售企業，也是全球銷售額第二大企業。

沃爾瑪的商品是非常便宜的，沃爾瑪的擴展也是非常快的，而其商品低價的原因在於成本的低廉。

其成本低廉的原因基於兩點：第一是壓低供應商的供貨價格，第二是企業內部節儉的企業文化。下面要說的就是其節儉的企業文化。

沃爾瑪對他們企業的節儉文化意義表述為：通過自身節儉的努力，為顧客、為整個社會提供最廉潔、最好的商品。

1962 年，山姆· 沃爾頓在阿肯色州的小山村中首辦了小型超市。當時，由於缺少消費者、員工及供應商，沃爾瑪不得不在經營方式上獨樹一幟。它提出了刺激消費者購物的經營理念：讓消費者每天得到低價格商品，並保持優質服務，同時與供應商和員工共用利潤。這意味著沃爾瑪公司必須把成本保持在最低程度。

沃爾瑪的「儉」，可以說是從一張紙做起的。如果沒有複印紙，想找秘書要，對方一定是輕描淡寫的一句：「地上盒子裏有紙，裁一下就行了。」如果你再強調要打印紙，對方一定會回答：「我們從來沒有專門用來複印的紙，用的都是廢報告的背面。」

「2001 年沃爾瑪年會」與會的來自全國各地的經理級以上代表所住的，只不過是能夠洗澡的普通招待所。

沃爾瑪的節儉不只是針對員工的，企業老總堅持率先垂範。沃爾瑪的創始人山姆儘管是億萬富翁，但他節儉的習慣從未改變。他沒購置過一所豪宅，經常開著自己的舊貨車進出小鎮，每次理髮都只花 5 美元——當地理髮的最低價，外出時經常和別人同住一個房間。

沃爾瑪的辦公室都十分簡陋，而且空間狹小，即使是城市總部的辦公室也是如此。除了辦公設施簡陋外，沃爾瑪還有一個很重要的措施，就是一旦商場進入銷售旺季，從經理開始所有的管理人員全都到了銷售一線，擔當起搬運工、安裝工、營業員和收銀員等角色，以節省人力成本。這樣的場景一般只會發生在一些小型公司裏，而且這種行為常常被人視為「不正規管理模式」，但在沃爾瑪這樣的大集團中卻司空見慣。

沃爾瑪公司的名稱，也充分體現了公司創始人沃頓的節儉習性。美國人習慣上用創業者的姓氏為公司命名。沃爾瑪本應叫「沃爾頓瑪特」（Walton Mart，Mart 的意思是「商場」），但沃頓在為公司定名時把製作霓虹燈、看板和電氣照明的成本等全部計算了一遍，發現省掉「ton」三個字母可以節約一筆錢，於是只保留了「Wal Mart」七個字母。它不僅是公司的名稱，也是創業者節儉品德的象徵。沃爾瑪總店的管理者們對老沃頓的本意心領神會，沒有把「WalMart」譯成「沃爾瑪特」，而是譯成了「沃爾瑪」。一字之省，足見精神。

但是沃爾瑪人也有「闊氣」的時候，擺「闊」主要體現在興辦公益事業上。山姆· 沃爾頓不僅在全國範圍內設立了多項獎學金，而且這個「小氣鬼」還向美國的五所大學捐出了數億美元。

另一個傑出例子是臺灣王永慶所開設的公司，決不多花一分錢的王永慶，王永慶是臺灣最著名、最具影響力的企業家之一。他 16 歲自辦米店，靠用心和勤奮努力站穩了腳跟，並在 1954 年籌資創辦了台塑公司。50 年後的台塑集團已經是臺灣最大的民營企業集閉，下轄臺灣塑膠公司等 9 家公司，員工 7 萬多人，資產總額 1.5 萬億新臺幣，形成了名副其實的龐大「企業王國」。

人們都在尋求王永慶成功的秘訣，希望從中得到啟迪。然而事實上，王永慶經營企業獲得巨大成功似乎並沒什麼特別的發明創造，只是在一些人人皆知的經營常識中領悟到：別人做不到的，他做到了；別人不經心做的，他卻認真去做。

降低成本，是一條眾人皆知的企業經營之道，但很多人卻用不好，也不在乎，王永慶卻運用自如，將其發揮得淋漓盡致。他降低成本的本事，連世界級管理大師都為之驚歎。王永慶做生意堅信一個最簡單的信念：價廉物美。在一次演講臺上，有人問王永慶：「你的南亞公司實力強大，中小企業如何在南亞的競爭壓力下生存？」王永慶胸有成竹地回答：「不斷追求合理化，降低成本取勝。」

王永慶一再強調，要謀求成本的有效降低，必須分析影響成本各種因素中最本質的東西，就是說要做到單元成本的分析。只有這樣將有關問題一一列舉出來檢討改善，才能建立一個確實的標準成本。

一般成本分析工作是做到單位成本，但這樣仍然不夠徹底。以財務費用為例，應該再細分為原料的財務費用、製造過程的財務費用、產品的財務費用及營業上的財務費用等。如果只以簡單的財務費用為單位成本，那麼分析工作勢必無法深入，得出來的結論往往與實際有一定距離，也就無法取得正確的成本分析。

這就是王永慶著名的「魚骨理論」：對任何大小事務的成本，對其構成要素不斷進行分解，把所有影響成本的因素全找出來，就像魚骨那樣具體分明詳細。

標準成本設定後，每月必須編定標推成本與實際成本的比較表。如果某一單元成本超出，與這項單元成本有關的主管必須提出檢討。如果超出標準單元成本的原因是非主管可以控制的，如油價的提高等，主管就可過關，不影響將來的考績；否則，將記上一筆不良記錄，影響考評，主管與這件事有關的人員還必須一起馬上找出原因進行糾正。王永慶總是堅持大處著眼，小處著手，不放過任何可能降低成本的地方。

王永慶在擬訂新計劃或擴充設備時，也很注意控制成本。其中一個重要手段就是自行設計。王永慶在美國德克薩斯州籌建世界規模最大的 PVC 塑膠工廠時，所有硬體設備都由台塑公司機械事業部在臺灣製造完成後，再運到美國安裝。這樣，整廠的建廠成本大約只有美國人投資同樣工廠所需經費的 63%、日本的 75%。建廠成本節約了近 4 成，自然增強了企業的競爭力。

1979 年，第二次石油危機的發生造成全球油價的迅速上漲，台塑企業能源費用大增，對企業經營帶來了極大負擔與衝擊。面對這一情況，王永慶決定在集團內全面推動能源節約運動。

台塑集團共有 10 多萬隻雙管日光燈，耗電量很大，後來採用加裝反射燈罩的方法，將兩支燈管減為一支，其亮度不減反而增加。這項節能措施，雖投資 600 萬元，但一年節省電費就達 7000 萬元。這次能源節約運動，使台塑集團大大提高了節能效益，當年就獲得經濟效益近 13 億元，抵消了因油電漲價所造成的部份能源成本的增加。

王永慶就是這樣從一點一滴做起，力爭最大限度地節約成本，不多花一分錢，達到降低成本的理想目標，實現企業的合理化經營。

心得欄

22

加快速度才能生存的三星公司

在三星看來，時間概念非常重要。比如，一樣的產品，比別人生產得早，對企業來說是很重要的事情。三星秉承這一克敵制勝的經營之道，屢創戰功。三星公司分析：新產品就像生魚片一樣，要趁著新鮮趕快賣出去，不然等到它變成「幹魚片」，就難以脫手了。這就是三星著名的「生魚片」理論：一旦抓到了魚，在第一時間內就要將其以高價出售給第一流的豪華餐館；如果不幸難以脫手的話，就只能在第 2 天以半價賣給二流餐館了；到了第 3 天，這樣的魚就只能賣到原來 1/4 價錢；而此後，就是不值錢的「幹魚片」了。

三星是韓國最大的企業集團。三星在世界各地擁有 18 個製造工廠，有近 20 種產品在世界市場佔有率居全球企業之首，於國際市場上彰顯出雄厚實力。以三星電子為例，該公司在美國工業設計協會年度工業設計獎(Industrial Design Excellence Awards，簡稱 IDEA)的評選中獲得諸多獎項，連續數年成為獲獎最多的公司。這些足以證明三星的設計能力已經達到了世界級水準。2003 年三星在美國取得的專利高達 1313 項，在世界所有企業中排名第九。在如今電腦和電子飛速融合的時代，三星電子憑藉成功的商務運作和先進的科技水準，必將迅速成為市場的領頭羊，而這於三星秉持的「速度經營」是分不開的。

以此類推，在電子產品的開發與推廣之中，也蘊涵著同樣的道理：在市場競爭展開之前把最先進的新產品推向市場，放到零售架上。這樣，通過打時間差，就能賺取高額利潤。

在數碼時代，市場已形成了群雄逐鹿的格局，沒有先來後到之分，每個公司都可以輕易地獲得相同的技術，而真正起決定作用的是商業智慧與速度。正如孫子兵法講「兵貴神速」，三星以速度取勝，不斷推陳出新，領先市場一步，確保「人無我有、人有我優」，產品永遠是電子市場上新鮮的生魚片。

在執行層方面，基於戰略的「速度經營」被細化為行銷策略的「四先原則」，即：發現先機，率先獲得技術標準，產品搶先投放市場，以及在全球市場佔據領先地位。

最為關鍵的是，三星希望所有管理人員把這種速度轉化為更高的商業利潤和更低的生產成本。在數字時代，產品的生命週期也隨之縮短，三星在實行速度經營戰略的過程中，內部結構也做出了相應的調整。僅僅加快技術研發的步伐是不夠的，必須同時在產品開發和供應鏈方面提高速度。為此，三星提出了一個「價值創新」的計劃，目的是從一開始就能通盤協調產品開發、生產設計和市場投放等各環節，這將有助於全面實行速度經營。

另外，企業要保證速度，首先決策程序要簡單。三星公司基本上要求決策只有三個階段，在這三個階段裏把問題解決，而且要求參與決策的人都要到現場，在現場看到問題，共同討論，當場決定。同時，保證速度經營還有一個重要的事情，就是把權限下放給相關的人，讓他做出決策。

◎ 借別人的雞，下自己的蛋

美國船王丹尼爾・洛維格一生和船的緣分很深。在他年輕時，他就夢想著成為一名萬人矚目的船王，但他那時沒什麼錢，就連收購一隻舊船的錢都沒有。但是洛維格並沒有因此放棄自己的夢想，他冥思苦想，終於想出了一個「借雞生蛋」的好主意。

他想向銀行貸款購買一艘貨船，然後將貨船改裝成一艘油輪。在當時，做油輪生意比做貨輪生意更好掙錢。看著洛維格那又髒又破的襯衫領子，銀行的人心生疑慮。銀行的人問洛維格:「你有抵押的東西嗎？」洛維格搖搖頭，然後和盤托出自己的打算：他將把改裝後的油輪租給一家有信用的石油公司，而每個月得到的租金，足以付清每月的分期付款。因此，他主張把改裝後的油輪租契交給銀行，讓銀行直接向石油公司收租金，免得再辦分期付款的手續。

現在看起來這樣的做法有些荒誕不經，銀行似乎大可不必理會這樣的奇談怪論。但實際盤算起來，銀行卻是非常划算和保險的大贏家。

就洛維格本身的信譽來看，此事很難成功，但改裝後的油輪租給的石油公司卻是極其可靠的。銀行完全相信石油公司會按時交付每月的租金，當然不可預料的經濟危機、自然災害發生除外，而且，即使這些情況發生了，還有保險公司在頂著。

盤算再三，銀行把錢貸給了他。

洛維格用借來的錢買下了一艘舊貨輪，改裝油輪計劃也成功了，一切按原計劃進行。之後，洛維格又用這艘船作抵押，再買另外的船繼續改裝租用計劃，連續好幾年都這樣。當一艘船的租金支付清了銀行的貸款後，船就歸洛維格自己所有，租金不再歸銀行，而是歸他自身所有。

就這樣，他的資金慢慢積累起來，越來越多，他的信用口碑也越來越好，當然他的穿著也改變了，一切改變得很快。

洛維格自身沒出一分錢，但數年之後他就擁有了一隻屬於自己的龐大的船隊，並最終成為世界船王。

這個故事可以給我們很多啟迪。要想實現自己的夢想，收穫成功、財富，有時不能單靠自己的智慧和積累，還要學會巧妙地運用他人的智慧和金錢來為自己服務。

在此，請問各位兩個問題：

• 當你是個窮人、兩手空空的時候，你真的覺得自己一無所有嗎？
• 洛維格怎麼就能做到不掏一分錢，便擁有一隻船隊，並成為世界船王的呢？

這是因為洛維格深諳「借」的奧妙，善於「借雞生蛋」，靠著自己的「借」功，走上了發財之路，取得了成功。

23

技術最強大的搜索引擎：Google

Google 追求的是一個完美的搜索引擎，所謂完美的搜索引擎，就是能跟用戶進行智慧對話，能夠絲毫不差地瞭解用戶的意思，同時絲毫不差地提供用戶想要的東西。

搜索引擎 Google 技術領先的跑盈利模式，給它帶來相當可觀的利潤，帶來了成功。Google 秉持著開發「完美的搜索引擎」的信念，在業界獨樹一幟。所謂完美的搜索引擎，就如公司創始人之一拉利· 佩吉(Larry Page)所定義的那樣，可以「確解用戶之意，切返用戶之需」。為了實現這一目標，Google 堅持不懈地追求創新，而不受現有模型的限制。因此，Google 開發了自己的服務基礎結構和具有突破性的網頁級別(Page Rank)技術，使得搜索方式發生了根本性變化。

Google 公司成立於 1998 年 9 月 7 日，是一家美國的上市公司。Google 公司設計並管理一個 Internet 搜索引擎；公司總部位於加利福尼亞山景城，在全球各地都設有銷售和工程辦事處。

Google 公司網站於 1999 年下半年啟動；2004 年 8 月 19 日，Google 公司的股票在納斯達克上市，成為公有股份公司。Google 公司的總部稱作「Googleplex」。

Google 搜索技術所依託的軟體可以同時進行一系列的運算，且只需片刻即可完成所有運算，而傳統的搜索引擎在很大程度上取決於文字在網頁上出現的頻率。Google 使用網頁級別(Page Rank)技術檢查整個網路鏈結結構，並確定那些網頁最重要，然後進行超文本匹配分析，以確定那些網頁與正在執行的特定搜索相關。在綜合考慮整體重要性以及與特定查詢的相關性之後，Google 可以將相關、可靠的搜索結果放在首位。

為了確保通過可攜式設備訪問網路的用戶能夠快速獲得精確的搜索結果，Google 還率先推出了業界第一款無線搜索技術，以便將 HTML 即時轉換為針對 WAP、i-mode、J-SKY 和 EZWeb 優化的格式。

一、網路搜索原理

Google 創始人的成就，拒絕接受技術方面的限制，埋頭持續努力創新，研發出佩吉位階技術。該運算法則是 Google 成功的核心，使其區別於以前所有的搜索引擎，並賦予其從浩渺網路中為用戶找出最有用網頁的神奇能力。它決定那些網頁可能有你最想要的信息，並在搜索結果網頁上根據相關性高低整理排序，從而改變了網路搜索的方式。

Google 的搜索結果排列是依據其網頁級別(Page Rank)技術，即考察該頁面在網上被鏈結的頻率和重要性來排列的，Internet 上指向這一頁面的重要網站越多，該頁面的位次也就越高。作為組織管理工具，網頁級別利用了 Internet 獨特的民主特性及其巨大的鏈結結構。實質上，當從網頁 A 鏈結到網頁 B 時，Google 就認為「網頁 A 投了網頁 B 一票」。Google 根據網頁的得票數評定其重要性，除了考慮網頁得票數(即鏈結)的純數量之外，Google 還要分析投票的網頁。「重要」的網頁所投出的票就會有更高的權重，並且有助於提高其他網頁的「重要性」。

重要的、高品質的網頁會獲得較高的網頁級別。Google 在排列其搜索結果時，都會考慮每個網頁的級別。當然，如果不能滿足用戶的查詢要求，網頁級別再高對用戶來說也毫無意義。因此，Google 將網頁級別與完善的文本匹配技術結合在一起，為用戶找到最重要、最有用的網頁。Google 所關注的不只是關鍵詞在網頁上出現的次數，它還對該網頁的內容(以及該網頁所鏈結的內容)進行全面檢查，從而確定該網頁是否滿足用戶的查詢要求。

Google 以複雜而全自動的搜索方法排除了任何人為因素對搜索結果的影響。雖然 Google 也在搜索結果旁刊登相關廣告，但沒人能花錢買到更高的網頁級別，從而保證了網頁排名的客觀公正。

佩吉和布萊恩早期還有一項叫「anchor text(錨文本作為頁面價值評估參數)」的重要發明。錨文本一般以藍色字體顯示並以下劃線標示，構成網頁之間的鏈結文字。兩位創始人均認為錨文本對鏈結頁面提供了極為精練的內容描述。此外，當用戶使用人名或公司名稱搜索時，錨文本的使用還可有效確保最佳網站能夠出現在搜索結果的頂部。

Google 發展出來的這套演算公式，產生了其競爭對手只能望其項背的競爭優勢，在搜索技術領域構成很高的「進入障礙」。Google 專有的佩吉位階，以客觀的方式衡量網頁的相關性和重要性時，必須運用的公式中含有 5 億多個變和 20 億個詞語。

在這個演算過程中，Google 表示，它的使命是「世界所有信息的有效組織者」，佩吉位階為 Google 實現了初步的理想。

二、搜索技術的盈利模式

Google 公司的收益主要來自兩個方面：搜索技術授權和網路廣告。

雅虎、AOL、網易、思科、寶潔、美國能源部等許多大公司和網站以及政府機構使用的就是 Google 的搜索技術。Google 按照搜索的次數來收取授權使用費。搜索處理比其他傳統公司控制得更好， 2000 年 6 月 26 日，雅虎正式宣佈終止與 Inktomi 搜索引擎公司的合作，其門戶搜索引擎服務改交由 Google 提供。與雅虎簽訂的這一份合約，每個季都能給 Google 帶來幾百萬美元的收入。

相對於搜索技術授權來說，Google 的網路廣告是更大的一個板塊。目前，Google 公司的 2/3 收入來自廣告。Google 的網路廣告主要分為 AdWords(關鍵字廣告)和 AdSense(文字廣告的延伸產品)。

AdWords 即廣告客戶在 Google 上註冊關鍵字，企業網站鏈結廣告將出現在搜索結果頁面的右側，收費原則是點擊付費，不點擊不付費，默認點擊在全球其他區域是最低 5 美分/次。

2004年10月，Google推出了比AdWords更為先進、技術也更複雜的AdSense廣告模式，期望以會員的形式來吸引更多的網站加盟Google廣告發佈平臺。

AdSense實際上相當於一個廣告聯盟。AdSense可以在加盟者網站的內容網頁上展示相關性較高的Google廣告，並且這些廣告不會過分誇張醒目。由於所展示的廣告同用戶在加盟者的網站上查找的內容相關，只要鏈結的廣告被有效點擊，加盟者還可以借此從Google處分得一部份廣告收入。

賣廣告但是不賣搜索結果是 Google 做廣告的原則。Google的廣告形式不採用橫幅廣告，也沒有令人眼花繚亂的Flash動畫廣告，所有的廣告都是按照客戶購買的關鍵詞，以純文本的方式把廣告安置在相關搜索頁面的右側空白處，把所有的文字廣告單獨列出來，並用特別的顏色標示「贊助商鏈結」。如果有人在Google上輸入「物流」，那麼，在搜索結果網頁上就會出現物流網站的文字廣告，每次搜索Google向商家收取0.8美分到1.5美分的廣告費。用戶在使用關鍵詞進行搜索時，相應關鍵詞的廣告出現在搜索結果中，並保證出現在搜索結果較前的位置，這種廣告效果比那些一進去便強行出現在網站視窗的廣告形式好得多，也較易被網民接受。而搜索結果的正文則是一種自動排序，取決於100多個因素，其中包括Page Rank(網頁排名)演算法，即Google將網頁劃分成10個等級，與等級高的網頁鏈結以及鏈結數量都會影響排名。

Google 把公司的名字列入其目錄和搜索結果中時從不要求付費。Google 的網站排列方式只有兩種，而且都是自動完成的：在目錄頁面中按照字母順序，而搜索結果的排列則依據其開發的 Page Rank 技術，即考察該頁面在網上被鏈結的頻率和重要性，換句話說，Internet 上指向這一頁面的重要網站越多，該頁面的位次也就越高。

其他的同業者都在刻意地把廣告和搜索結果混合在一起以獲取收入，Google 的想法看上去似乎缺乏商業頭腦，但諷刺的是，所有的搜索引擎服務提供者中，只有 Google 賺得多。據統計，Google 網路廣告點擊率是行業平均水準的 4～5 倍。一些網路搜索公司總是試圖在同一時間做很多事情，它們幾乎忘記了搜索的本行。不過，正是由於這些公司的「不務正業」，才成就了 Google 的今天。

Google 已經由一個名詞成為一個動詞，Google 成為「尋找答案」的代名詞。許多網民用 Google 作為首碼創造了許多新辭彙：Googler(Google 用戶)、Googling(正在搜索中)、Googlemania(Google 狂)、Googlepedia(Google 百科全書)等。熱心的網民們還創造了一個令人吃驚但是正在被默認的辭彙：Google Media(G 媒體)。

三、Google 盈利模式的分析

Google 的利潤非常可觀，它的盈利模式與其他網站不同——沒有從事過任何買賣，銷售生意從沒有做過。Google 的收入來自那裏呢？主要來源於搜索技術服務和廣告。

Google 的兩位創始人拉利· 佩吉和瑟格· 布萊恩都很有遠見，從創立之初，就認定技術是成功的關鍵，他們憑藉過硬的電腦本領開發出的高效搜索演算法，立刻贏得用戶的青睞。就連其競爭對手也不得不承認：「毫無疑問，Google 是這一領域的領頭羊，其技術遠遠超出了對手。」

關注技術給 Google 帶來了成功。越來越多的網站上遍佈散亂的廣告，網民已不堪其擾，而 Google 的主頁始終保持著清新的風格，一下子就給人留下了好印象。第五屆 Internet 大獎「威比」獎評選中，Google 獲得了專設的最佳實踐獎，用以獎勵其總體的優異表現，在內容、結構、導航系統、視覺設計、功能性能、互動性能以及總體經驗上，Google 都獲得了最高分，至此，1998 年成立的 Google 幾乎囊括 IT 業各項技術大獎。

這家網站沒花一分錢廣告費就吸引了全球每天過億次的訪問量，Google 的使用者滿意度高達 97%，許多人成為其忠實用戶。全球媒體也紛紛大篇幅報導，Google 的大辦公室一整面牆壁上貼滿了各種媒體報導，而且這還只是精選的一部份而已。每天都有數百萬的網頁內容加入網路，現在人們對搜索引擎的依賴越來越強，Google 利潤會越來越高。

Google 作為 Internet 時代的一個創新者，正在開啟它的 Google 時代，從某種程度甚至可以說，Google 開創了搜索領域的利潤模式。

Google 曾經宣佈：在 2004 年的最後三個月裏，公司的在線廣告收入達到一個新的里程碑，突破 10 億美元。對那些在 Google

投放廣告的廣告商而言，用戶點擊 Google 所做的鏈結到廣告商網站的廣告關鍵字，點擊一次就得支付 1.5 美元，這也是一筆不菲的投入。

根據 CNET 提供的資料，在 Google 網站上，每小時就有成百上千的人輸入諸如「printer paper」(打印紙)這樣的字，這些字都鏈結到 Staples.com。廣告商則根據潛在用戶實際對廣告的點擊進行收費。

Google 並沒有發明關鍵字搜索廣告，在 1998 年 Google 公司成立之前，關鍵字搜索廣告就已經出現，而 Google 也不是獨家提供點擊付費的公司。雅虎在這方面頗有斬獲，微軟也在這個領域攻城掠地，其他較小的企業，如 Ask Jeeves 也開始嶄露頭角。

Google 在融合電腦科學、用戶行為以及商業動機方面做得最成功，至少關鍵字搜索付費仍是 Google 的印鈔機。

本地的廣播、電視以及報紙等媒體能用統一的信息覆蓋本地的大多數受眾。Internet 廣告已經讓傳統的本地分類廣告以及黃頁目錄分流，隨著 Internet 逐漸受到消費者青睞，其他形式的媒體廣告需要進行相應的調整。根據 Google 的模式，對廣告商而言，Internet 是一個機會均等的媒介。所有的銷售商都可購買 Google 搜索結果的網站鏈結。每次點擊的費用是 5 美分～100 美元不等。任何進行廣告投標的廣告商都有機會把鏈結放到頁面上，只是位置不一樣。

Google 同雅虎的廣告模式不同。雅虎公司根據廣告商的付費排列廣告，而 Google 根據廣告的報酬率來安排廣告的順序。如果廣告商中標的是每點擊一次付費 1 美元，而每千人有 100 人點擊就能看到搜索結果廣告。換言之，如果廣告商中標的是每點擊一次 10 美元，但每千人只有 10 次點擊，仍然不能在搜索結果中顯示廣告。為此，廣告商為了控制成本，就設立一個支出上限，一旦達到就停止廣告。

關鍵字廣告，特別是 Google 的模式，是吸引廣告商投放廣告的方式。芝加哥一家出售裝飾品和舞臺道具的小公司 Barnard，自從 2002 年開始就購買了 Google 關鍵字廣告中的「fake food(偽裝食物)」和「Styrofoam balls(泡沫聚苯乙烯球)」，並取得了良好的效果。該公司又持續購買了其他的常用關鍵字，如「裝飾品」，在第一年其銷售額就增長了 70%。Internet 廣告還讓公司停止了幾乎沒有什麼效果的直郵目錄。

2004 年，Google 的 IPO 證明了 Google 模式的成功。Google 對第四季的營收也感到吃驚。其股價在公佈業績後上漲了 7%，後來又上漲了 2.3%，達到 210.86%，比 Google IPO 時的價格已上漲了 148%。

Google 因搜索結果關聯度最高，一躍成為最受歡迎的搜索引擎。關鍵字搜索廣告不到 Internet 廣告的一半，而且 Internet 廣告還有其他一些形式，如視頻和富媒體(Media)廣告，付費搜索已經快達到極點，未來的在線廣告是富媒體和視頻的天下。

24

透視施樂的影印机商業模式

20 世紀 50 年代中期，美國商業複印市場上有兩種複印技術，一種叫光影濕法，另一種叫熱乾法。這兩種複印方法產生的複印品的品質都很低，總是把複印品弄得很髒，平均每台影印機每天只能複印 15～20 張影本，影本也不能持久保存。

當時影印機廠家盛行的做法是採用模式：對影印機設備用成本加上一個適當的價格賣出，目的是為了吸引更多的客戶購買，而對配件和耗材則單獨收費，並且通常會在其成奉之上加高價以獲取高額利潤。當時典型的辦公用影印機的售價為 300 美元，而市場上 90%的影印機每個月的複印量都少於 100 張。

後來卡爾森(Chester Carlson)發明出了一項在當時可以稱得上是令人驚奇的複印新技術，這項被叫做「靜電複印術」，就是利用靜電把色粉印在紙上。用這種技術複印出來的影本是乾的，而且頁面既乾淨又整潔，複印的速度也非常快，每天可以達到數千張，遠遠高於當時的影印機。卡爾森找到了當時 Haloid 公司的總裁喬· 威爾遜(Joe Wilson)，並希望他能夠將這項技術商業化。威爾遜認為這種新技術在辦公複印市場上具有極大的價值和遠大的發展前景，於是兩人一起發明了一台利用靜電複印技術複印的樣機。但後來發現雖然每張影本的可變成本與其他技術生產的影本的可變成本(配件成本、耗材成本等)可以保持相同，但影印機生產成本卻高達 2000 美元！如何才能讓客戶為這種全新但高品質的影印機而付款呢？

威爾遜決定為這台被命名為 914 型號的影印機尋找強有力的市場合作夥伴。如果合作夥伴提供製造和行銷服務的話，他們將提供這種新的技術作為回報。他們向包括柯達、通用電氣、IBM 在內的大公司發出了邀請。有趣的是，IBM 公司還為此專門委託了一家享有盛譽的諮詢公司——ADL 公司進行了認真負責並且具有高度專業精神的市場分析。其基本結論是：儘管靜電複印技術在很多方面都很先進，但是「以更高的成本獲得更好的品質」並不是一個可以取勝的訴求，「因為 914 型號複印機具有很多種功能，所以與其他同類設備相比，要想判斷出它通常最適合的用途是非常困難的……也許缺乏特定用途是 914 型號影印機最大的缺陷，也是唯一的缺陷。」前兩家公司也獨立做出了相似的結論。這三家領導型公司始終都認為靜電複印技術沒有多大的商業價值，回絕了該邀請。

但威爾遜認為這幾家公司的判斷是完全錯誤的，經過努力他最終設計出了一種全新的模式，來開發 914 型號影印機的價值：為了克服影印機高昂的價格問題，Haloid 公司於 1959 年 9 月 26 日開始以提供租賃服務的方式將 914 號影印機推向了市場。消費者每個月只需支付 95 美元就能租到一台影印機，在每個月內如果複印的張數不超過 2000 的話，則不需要再支付任何其他費用，超過 2000 張以後，每張再支付 4 美分。Haloid 公司(後來不久就改名為施樂公司)則同時提供所有必需的服務和技術支援，如果客戶希望中止租約，只需提前 15 天通知公司即可。

令人難以置信的事情發生了:用戶的辦公室一旦安裝了 914 型號影印機後，由於複印品質很高而且使用方便(不像濕法複印技術那樣會在複印品上弄上髒手印，也不像熱乾法那樣使用的熱敏只會慢慢變黃甚至捲曲起來)，用戶每天——而不是每個月——要複印 2000 張！同時這種用量還意味著從月租的第二天起，絕大多數影印機每多複印一張，就可以為 Haloid 公司帶來額外的收入。在隨後的十幾年裏，這種盈利模式使公司的收入增長率一直保持在 41%，其股權報酬率(ROE)也一直長期穩定在 20%左右。到了 1972 年，原本一家資本規模僅有 3000 萬美元的小公司已經變成了年收入高達 25 億美元的商業巨頭——施樂公司！

有意思的是，後來柯達和 IBM 公司也開始進入了這一領域，採用的也是自己生產的高複印數量、高複印速度的影印機，使用的模式也跟施樂類似，但都沒有取得很好的成效。

例如，IBM 在 20 世紀 70 年代向市場推出了它的第一個型號——IBM 影印機 I 型，直指中等容量和大容量的細分市場並透過 IBM 的銷售隊伍以出租的方式推銷。

柯達公司在 1975 年將它的 Ektaprint100 影印機推向市場，也是瞄準了高容量市場作為施樂產品的物美價廉的替代品。但所有這些商業巨頭在影印機業務上都沒有取得什麼進展。影印機市場一直被施樂佔據，直到 20 世紀 80 年代日本影印機製造商佳能進入為止。

另一家日本公司佳能，佳能是在 1967 年打算將產品線從照相機延伸到辦公設備領域的。然而，當時美國施樂公司的「靜電複印專利技術」是阻礙佳能進軍辦公設備領域的障礙。從 1959 年發明了世界上第一台影印機開始，施樂在整個 20 世紀 60 年代和 70 年代初，就一直保持著在世界影印機市場的壟斷地位，其市場佔有率也一度高達 82%，施樂幾乎成了「複印」的代名詞。

為了阻止競爭公司的加入，施樂先後為其研發的影印機申請了 500 多項專利，幾乎囊括了影印機的全部部件和所有關鍵技術環節。當時美國的專利保護有效期為 10 年，施樂影印機關鍵技術的專利保護期限截至 1976 年。

面對施樂公司強大的實力和幾乎無懈可擊的專利保護壁壘，一方面，佳能努力在相應的技術基礎上有所創新和突破。例如，1968 年，佳能發表了影印機開發的提案後，向施樂提出了「希望在締結秘密條約的基礎上，派遣技術人員參觀影印機生產工廠」的請求。請求被接受後，很多佳能的技術人員來到了施樂。同時，施樂也向佳能的考察隊伍瞭解信息，計劃將佳能準備申請的專利項目全部提前申請。但是，當時佳能已經擁有了大量的專利權，由於害怕佳能會用這些專利權對自己發起反攻，施樂最後放棄了原來的打算，提出了希望和佳能簽訂「相互供給條約」。另一方面，佳能又廣泛開展對施樂影印機用戶的調查，發現了現有客戶對施樂影印機的抱怨，諸如價格昂貴、操作複雜、體積太大、保密性不強等。最後，佳能決定改為搶先佔領小型影印機市場領域。佳能花了三年時間開發出了自己的複印技術，又用三年時間生產出了第一款小型辦公和家用影印機產品，並聯合理光公司同時進軍影印機市場，才總算繞過了施樂設置的進入壁壘。

有趣的是當佳能和理光等日本公司在 1976 年開始生產小型桌面影印機的時候，它們的技術甚至遭到了施樂公司的嘲笑。因為這種小型、廉價的影印機每分鐘所能複印的張數不夠多，而且不能自動送紙、裝訂、擴大或縮小複印影像的大小。

但是，為了攻佔小型影印機市場，佳能公司採用了與施樂公司完全不同的做法。

施樂是緊盯大公司和政府機關並向其提供「高複印品質、高複印數量和較低的月租金水準」複印服務不同，佳能主要是面向的客戶是小企業和個人用戶，向其提供的是價格低廉、使用方便、少量複印、保密性好的影印機。

施樂自己製造、配送配置完全的影印機系統，透過自己的直銷隊伍出租影印機並提供融資服務，而佳能則利用經銷商和批發商網路出售影印機，並透過這個網路提供銷售服務和可能的融資安排。

施樂注重機器的速度，由機械師提供全面的維修服務，佳能則突出自己產品的品質和價格，它設計的產品不需要公司提供專業技師就可以使用。透過把影印機設備中最經常出毛病的零件都裝入一個可更換的模塊盒中，佳能公司實現了不需要專業技師經常修理的目的。事實上，佳能公司又重新採用了該行業十幾年前曾經有效的「刮鬍刀-刀片」模式，而不是目前影印機行業內流行的「施樂模式」！

從 1976 年到 1981 年，施樂在影印機市場的市場佔有率從 82%

直線下降到 35%。後來施樂公司花了十餘年時間來應付佳能公司進入家庭辦公室和小企業市場所帶來的威脅。在其後的市場佔有率爭奪當中，施樂也曾經成功地從佳能手中奪取過一部份市場佔有率，但卻再也沒有動搖過佳能在這個市場中領導者的地位。

心得欄 ------------------------------------

25

亞馬遜網站的創新優勢

把兩種或兩種以上的材料結合在一起，使之充分發揮特長而避開其各自的缺點，這樣，就誕生了許許多多性能優異的新的複合材料。這些材料往往能達到令人意想不到的完美效果，如牢固耐壓、抗高溫防老化的塑鋼複合材、耐熱耐磨的複合地板……

亞馬遜網站貝索斯利用了異業雜交術，找到了書店和網路的結合點，利用兩種業態的優勢，實現了不同業態的良好雜交，所以才結出豐收的碩果。

傳統的書店是一個較為古老的產業，盈利空間並不是很大，電子商務則是一個新型的業態，在當時也還是一片未曾開墾的處女地，兩者結合，竟有如此神奇的效果，可見異業複合這種盈利模式，如果能夠很好地利用，可以化腐朽為神奇，化神奇為絕妙。

亞馬遜網路書店成立於 1995 年，是全球電子商務的成功代表，它銷售的第一種商品是圖書，目前是全球最大的網路商店。亞馬遜網路書店的商業活動主要表現為行銷活動和服務活動，它工作的中心就是要吸引顧客購買它的商品，同時樹立企業良好的形象。在亞馬遜網站上，讀者可以買到近 150 萬種英文圖書、音樂和影視節目。自 1999 年開始，亞馬遜網站開始擴大銷售的產品門類。除圖書和音像影視產品外，亞馬遜也同時在網上銷售服裝、禮品、兒童玩具、家用電器等 20 多個門類的商品。

在生物學中，兩個遺傳基因不同的植物或動物進行雜交時，其雜交後代所表現出的各種性狀和功能均優於雜交雙親，這就是雜交優勢。在商業王國中，找到兩種優勢業態資源的結合點，並把它們進行雜交，從而體現優勢互補，即「異業複合模式」，是一種很好的盈利模式。它可以通過業態雜交創造市場優勢，甚至可以引起一場「產業革命」，亞馬遜的飆升成功演繹了這種神奇的盈利模式。

一、複合創奇蹟

美國亞馬遜網路書店是世界上最大的網路書店，它可以提供 310 萬冊圖書目錄，比全球任何一家書店的存書都要多。而實現這一切既不需要龐大的建築，也不需要眾多的工作人員，亞馬遜書店的員工人均銷售額 37.5 萬美元，是全球最大的擁有 2.7 萬名員工的 Bames & Noble 圖書公司的 3 倍以上。有人說，它創造了新經濟時代的致富新模式；有人說，它開創了電子商務的先河；還有人說，它將用自己的現身說法引領一個時代的潮流。那麼，亞馬遜的神奇之處究竟在那裏呢？它創造了什麼新模式？它引導了那些時代潮流呢？

亞馬遜的致富新模式是怎樣發現的呢？這是其開創者貝索斯 1994 年在 Internet 上看到了一個數字後想到的。每年以 2300% 速度增長的 Internet 用戶數量使貝索斯產生了一種莫名的興奮和難以名狀的衝動，他彷彿明白了自己的使命，就是開發網上資源，建立自己的網上王國。貝索斯設想：「網路不只是介紹與陳列書籍的地方，同時也是一個可以賣書的場地，我何不把書店嫁接到網路上，利用網路賣書呢？」他利用西雅圖電腦人才豐沛和聚集著幾家大型書籍經銷商的優勢，在這裏開始創業。1995 年，貝索斯在貝樂福郊區租了房子，把工作場地設在了房子旁的車庫，帶領 4 位工作夥伴開始了亞馬遜的飆網。

亞馬遜最初選擇了網上操作的模式，以完全不同於傳統書店經營觀念的思維，在網上提供購書服務。這種「一點通購書」的異業雜交技術的運用，使亞馬遜公司的銷售業績飛速攀升，銷售額從 1996 年的 0.158 億美元，增加到 1997 年的 1.317 億美元，成長速度高達近 10 倍。誰也不會想到，一個才成立兩年的公司，竟能具有這樣的發展速度。亞馬遜的股票在創業的前兩年便由每股 9 美元飆升到 209 美元，足足增長了 23 倍。高速增長的銷售業績，平均每天賣出 6 萬本書的速度，使自信樂觀的貝索斯也不由得有些吃驚。一個公司的發展若能將最初藍圖的設計者都嚇倒，這不能不說是一個奇蹟。

亞馬遜崛起的奇蹟，雖然看起來有些不可思議，但只要認真分析它的成長歷程，就不難發現其中的奧妙。要說神奇，就神奇在它的經營決策者貝索斯利用了異業雜交術，找到了書店和網路的結合點，利用兩種業態的優勢，實現了不同業態的良好雜交，所以才結出豐收的碩果。傳統的書店是一個較為古老的產業，盈利的空間並不是很大，電子商務是一個新型的業態，在當時也還是一片未曾開墾的處女地，兩者結合，竟有如此神奇的效果，可見異業複合這種盈利模式，如果能夠很好地利用，可以化腐朽為神奇，化神奇為絕妙。

二、亞馬遜模式緣何成功

當經濟衰退的陰影籠罩著華爾街時，當全世界的「.com」公司為度嚴冬抓破頭皮時，美國的網上購物並沒有像人們想像的那樣一落千丈。相反，儘管股市的影響使消費者將錢包看得更緊，導致傳統零售業的銷售有所下降，但網路零售業不降反升。

據波士頓一家網路諮詢服務公司的市場調查，2002 年 11 月、12 月，美國大約有 65%的消費者上網，比 2001 年增加 11.5%；這些上網的顧客中有 48.8%準備網上購物，這個數字比 2001 年增加 2.2%；平均每戶上網購物的人家準備花 255 美元，比 2001 年增加 60 美元。

而在這之中，亞馬遜網上書店無疑是一大亮點：平均每天賣出 6 萬本書，全球顧客超過 600 萬。2003 年 6～8 月可以說是亞馬遜網上書店的節日，據稱《哈利· 波特與鳳凰令》的銷售異常火暴，在全球銷出 140 萬冊，世界上有 175 個國家的讀者購買了這本為兒童準備的神秘小說。亞馬遜在此期間新增了 25 萬個客戶帳戶，而且，亞馬遜再次提高年度收入的預期。

1. 實現最低交易成本

企業熱衷於電子商務最重要的原因之一，是在網路上做生意可以使成本最低化。對紐約市 2500 家企業的調查表明，與「有形」交易比較，企業綜合經營成本降低了 50%，一些小企業甚至降低了 70%～85%。促使降低成本的基本因素是：

⑴資金週轉快，減少了利息支出；

⑵消耗較少的人力，與實體公司比較僱員可減少 60%～80%；

⑶無須店鋪，可節省一大筆租金；

⑷通過協作，基本上不需要倉庫；

⑸行政開支少，例如交通、能源、衛生等費用均大大降低。

此外，許多網上商店在進貨時均實行網上公開招標，即時報價，所以進貨價格是比較理想的。上述低成本因素帶來的好處是，商店將大部份利益讓給顧客，以擴大良性市場效應。不少用戶回饋說，這些年來在亞馬遜購物多次，除了一兩次例外，他們基本上都可獲得按照預定時間準時送貨到家門口的服務。亞馬遜會給用戶發電子郵件，告訴用戶什麼時候處理他的訂單、什麼時候發貨。在貨品運到之前，不用多費口舌就可以取消訂貨，如果有什麼差錯，亞馬遜通常免收運費或者免費提高遞送服務的檔次。

大多數用戶對在亞馬遜網上的購物體驗一直很美好。該網站很容易流覽，搜索簡便。它會智能化地將你觀看的網頁加以個性化，網頁上會突出你以前購買過的那類產品，並向你建議相似的貨品。亞馬遜還張貼了很多由消費者撰寫的產品點評，有時候很有用。

亞馬遜網站還有「一鍵訂貨」的功能。亞馬遜會在顧客第一次購物時，將購物者的收件資料、刷卡付費等資料記錄下來，顧客以後再次購物時，所有這些東西全部由服務器完成。用戶只要點擊一次就可以用信用卡購買任何東西，而不必確認，亞馬遜已經把用戶的家庭位址存入檔案，可以提示用戶以前已購的商品。

不僅如此，亞馬遜所提供的商品選擇也是很多。許多人都知道這個網站經營著大量的書籍、錄影帶、CD 和 VCD，而且還可以買到孩子用的踏板車、Quicken Deluxe 軟體、歐萊雅口紅、筆記本電腦、別致的蘋果去芯器和精緻的燃氣烤架等。

2.盈利模式贏財富

亞馬遜的成功，在於它融合了兩種業態的優勢，找到了兩者之間極佳的結合點，具體體現在以下幾個方面：

第一，用網路的強大記憶體空間加大書店的存書量。現實生活中沒有一家書店能出售數量如此巨大、內容如此豐富的圖書，亞馬遜上市的時候，資料庫的書目已達 100 萬種，後來增至 320 萬種，每月還以 2.7 萬種的速度增加，而世界上最大的超級書店最多也只能有十幾萬種。並且，亞馬遜還在不斷擴展自己的經營範圍，已由書籍延伸至 CD、錄影帶、電子產品和軟體等等。

第二，利用網路的龐大覆蓋面，擴展書店的顧客群。亞馬遜在全世界的客戶已超過 1000 萬人，世界上沒有一家書店能為如此龐大的群體服務。

第三，利用網路的信息處理系統加強圖書的管理。亞馬遜處理信息的能力令人難以置信，比如，它所累積的書評資料已超過 500 萬頁，這是驚人的內容，傳統書店何曾有過這樣強大的信息處理功能？亞馬遜不僅是一個龐大的圖書零售帝國，也是一個龐大的信息帝國。

第四，改變傳統書店實體陳列和強大的庫存管理，充分利用網路信息，使場地租金和人力費用大大縮減，從而使利潤結構發生了重大變化。亞馬遜是電子商務的先驅，也是異業複合的成功實例，它在電子商務的王國裏一飛衝天，僅用 4 年便坐上了頭把交椅。三十多歲的貝索斯，已坐擁數十億資產，享有傳統企業人士耗時數十年才有的財富與地位，久經商場的企業家、百年基業的老牌公司，被躥起不到幾年的年輕小夥子輕易擊敗。「江山代有才人出」，毛頭小子究竟憑什麼引領風騷？就憑其獨特的盈利模式。

3.保持顧客信用關係

雖然亞馬遜不是運作成本最低的零售商，但它有近 80%的回頭客，它一直盡心盡力把每一次點擊都變成商業關係。

網路經濟專家們認為，對於一切精簡到極限、靠大打減價戰生存的零售商來說，網路是一種絕好的媒介。無論如何，在網上查找價格信息總要比來回奔波容易得多。甚至有一些網站提供了搜索最優惠價格的自動服務，可以快速地在多個購物網站之間就同一種商品排出價格高低。

然而，看起來許多甚至是大部份網上購物者並不傾向於用這種方式購物。據某市場諮詢公司的一次調查，曾經有一段時期，連續 6 個月在網上購物的消費者，他們中只有一半人知道有網上價格比較服務，而且在知道這項服務的人中也只有 28%偶爾會用一下。

當然，一些拒絕自動服務的購物者可能仍會親自去一些網站比較價格，但你死我活的定價模式在網上並沒有很強的生命力。因為隨著電子商務公司在不景氣的大環境下紛紛不支，競相尋找吸引和維持固定客戶的方式，這種網上經營方式的價值日益顯得珍貴起來。

雖然亞馬遜公司的價格很有競爭力，但這家擁有 2400 萬客戶的網上零售商之所以稱得上是「老大」，並不是靠所有的貨品在任何時候都有最低的售價。亞馬遜曾經自稱是世界上最大的折扣業者，有多達 30 萬種以上的書目可以進行折扣優惠，而且，訂單額超過 100 美元的用戶提供全美範圍內免費送貨服務，長時間保持折扣優惠也是它銷售量倍增的原因。亞馬遜並不拍胸脯保證比得上或低於別的銷售商的價格，而是通過提供熱情和使用簡便的服務，贏得了數百萬忠實的客戶，使客戶產生了信任感。人們相信亞馬遜，很大程度上是因為它懂得他們的口味、守信用。

美國亞馬遜網上書店(amazon.com)是世界上最大的網路書店。亞馬遜書店有一種叫做「轉介紹」的商業模式，這種商業模式就是把「口耳相傳」的行銷模式轉移到網路上。如果你擁有網站，就可以在網站中加上亞馬遜書店的鏈結。如果有人通過你網站裏的鏈結進入亞馬遜書店並消費，你就可以獲得消費額的 3%～7%作為介紹獎金。這種方式對你而言成本不高，也不會有任何損失。這種盈利模式就稱作「亞馬遜模式」。

4.從批量到定制

現如今，Internet 的使用成本已相當便宜。設在波士頓的市場觀察機構 AMR 研究公司供應鏈調查機構的負責人約翰·豐塔內拉根據數據分析說：「未來幾年將有 90%的產品製造業務會轉到 Internet 上，並且是以訂單形式完成的。」

之所以會達到這麼高的比例，是因為網路為製造業經濟帶來了至關重要的變化：生產定制的東西可以比批量生產的東西還便宜。於是，為了討好顧客，越來越多的網上公司開始採用「按單供應」、「按需設計」。亞馬遜利用軟體收集顧客在購物愛好和購物歷史方面的信息，隨時主動為顧客購買圖書提供建議。早在 2001 年 9 月，亞馬遜就承諾為顧客準備個性化的耶誕節文化藝術用品，包括為小學生物色世界各國的動畫片和最新的太空幻想故事集。

為改進服務，亞馬遜還公佈了新的經濟級送貨費，以解決消費者反對運費過高的問題。這項計劃對 99 美元以上訂單中的商品實行無限制的免費送貨。亞馬遜董事長兼 CEO 傑夫· 貝索斯說：「有兩種零售商：一種為提價努力工作，另一種為降價努力工作。亞馬遜義無反顧地遵從第二種模式。」

傑夫· 貝索斯這位美國年輕企業家提出的創建大型網上書店的設想，拉開了全球網上購物革命的序幕。貝索斯不僅改變了做事情的方式，而且還為開拓未來鋪平了道路。

5. 創新模式

亞馬遜從一家網路書店，發展成為能夠與百年工業巨人比肩的世界級公司，答案就在於其建立在技術創新之上的對新型商業模式的持續探索。Jeff Bezos 的亞馬遜商業模式證明了一項公理：「穩紮穩打才能贏。」

首先是挑戰實體書店，Bezos 開創了亞馬遜，一個出售遠超實體書店負荷能力的多種圖書的 Internet 公司。Bezos 買下倉庫來承載大量的庫存，這樣亞馬遜就可以提供直達消費者的服務。Bezos

允許讀者透過讀者心得來評論產品，他還為用戶建立了一個可靠的社區。但直到 2000 年以後，亞馬遜才看到利潤。事實上，在亞馬遜公司 B2C 商業模式外殼下，隱藏的卻是一顆極富創新精神的心，亞馬遜也開始了它的多元化創新之路。

⑴訂閱式購物

亞馬遜網站是「長尾」的最佳實踐者，其擁有的商品種類無疑是零售業中最龐大的。亞馬遜網站專門針對一些日用消費品，實施了一項「定購並省錢」的自動訂購服務。用戶可以選擇那些需要經常購買的商品，然後加入這個服務，並設定寄送的間隔時間。亞馬遜透過設置了很多的優惠條件，例如提供高達 15%的折扣、優先進行訂單處理和運送、允許用戶隨時更改或取消訂單、保持價格穩定，等等，來增加這項服務的吸引力。

⑵亞馬遜 MP3

在 2007 年，亞馬遜推出了自己的網上音樂商店「亞馬遜 MP3」。在 2008 年 Google 首款 Android 手機 G1 上市前，亞馬遜與 Google 達成合作，將其數字音樂商店預裝到每一部 G1 手機。經過幾年的發展，亞馬遜 MP3 在音樂愛好者心目中的影響力與日俱增。

⑶電子書閱讀器

2007 年底，亞馬遜公司宣佈了一款劃時代的產品——Kindle 電紙書閱讀器。2009 年初，第二代產品 Kindle 2 發佈。Kindle 2 的宣傳重點在於可以讓用戶在 60 秒之內，開始閱讀任何一本書。另外其提供的便捷購書方式和無線圖書下載功能，成為吸引用戶購買這一產品的重要原因。

⑷視頻流媒體

2008 年 9 月份，亞馬遜網站背靠龐大的視頻內容資源，推出流媒體點播服務亞馬遜 VOD，成功進入了流媒體服務領域。目前，AmazonVOD 用戶可以選擇租或買一部電影直接觀看，價格分別是 3.99 美元和 14.99 美元。

⑸Internet 廣告

經營 B2C 業務的亞馬遜能夠把廣告展示、點擊直接轉化為銷售，而這些銷售記錄，多年來又為亞馬遜積累了大量的用戶消費行為數據。

此外，亞馬遜已經有了一個成功的非廣告商業模式，在營收多元化的前提下，亞馬遜在廣告定價方面有一定優勢。

與在其他業務領域自主探索新型商業模式的實踐不同，在 B2C 核心業務上，亞馬遜採取了穩健的收購戰略，一點一點地鞏固既有優勢，以最小的風險和最低的成本，壓制潛在的競爭對手。

2009 年 11 月 1 日，亞馬遜公司完成對 Zappos.com 的收購，經營著全球最大的網路鞋店業務。2009 年底，亞馬遜開始著手收購全球出現最早、規模最大的法國樣品售賣網站 Vente-Privee.com。穩健的收購戰略促進了亞馬遜的多元擴張之路。

傑夫·貝索斯這位美國的年輕企業家提出的創建大型網上書店的設想幫助拉開了全球網上購物革命的序幕。《時代》雜誌總編輯沃爾特·以撒森對此的評價是：「貝索斯不僅改變了我們做事情的方式，而且還幫助我們為開拓未來鋪平了道路。」

今天在美國，人們幾乎可以只跟亞馬遜一家公司打交道：在亞馬遜網站上購買從牛奶麥片到割草機、沙發等所有的日用品；用 Kindle 閱讀電子書、報紙、雜誌；從亞馬遜 MP3 音樂商店下載歌曲，或者透過亞馬遜流媒體點播服務觀看電影；投資 Amazon 的股票積累創業資金，也可以到 Amazon 在西雅圖的總部上班；然後，在亞馬遜 Marketplace 上做點小買賣，或是乾脆創辦自己的網路公司。

主營業務領域穩健的防禦戰略，外加延伸業務上積極的進攻戰略，使亞馬遜的商業未來顯得異常光明。今天，亞馬遜已經形成了一個以 B2C 為核心的龐大的商業模式矩陣。這些商業模式互相支撐，彼此取長補短，為亞馬遜在未來的商業競爭中，建構起無法被超越的優勢。

亞馬遜業務多元化的背後有著清晰的邏輯，在不斷追求技術創新的同時更加注重商業模式的創新，以確保新業務能夠帶來持續穩健的盈利。在充斥著矽谷式小型創業公司成功故事的今天，一隻現金奶牛的商業模式創新之旅有著獨特的魅力，對其他成熟企業來說也更具參考價值。

26

瞭解客戶真正需求的如家酒店

一、客戶出差住旅館時的真正需求

如家酒店組建於 2002 年 6 月，是一種經濟型旅館的連鎖經營，從創建到開出第 100 家連鎖酒店，擁有 11000 間以上的客房，如家僅僅用了 4 年零 2 個月的時間。截至 2007 年 3 月 31 日，如家共有 145 家酒店投入運營，還有 48 家酒店正在建設之中，所屬酒店覆蓋了中國 100 萬以上人口、GDP 超過 1000 億元的 120 個城市中的 53 個。2003、2004、2005～2006 年的客房入住率分別為 72.4%、86.8%、89.8%和 90%。如家酒店大約有近 20 萬名會員。如家為什麼會成功？

如家的成功可以給我們一個什麼啟示？透過仔細的分析發現：準確的定位是關鍵。

定位是商業模式創新的起點，往往也是革新舊的商業模式的突破口。如家的定位正是從革新舊模式尋找新定位開始的。

經濟型酒店起源於 20 世紀 30 年代的美國，在國外已發展成一種成熟的業態，其體量佔酒店業總數的 70%。中心概念就是功能的有限性，即只提供基本的住宿服務，去除了其他非必需的服務，從而大幅度削減了成本。在國外，經濟型酒店被稱為「B&B」，也就是只提供床(bed)和早餐(breakfast)，而會議、休閒娛樂等功能則盡可能壓縮或免去。

透過調查，如家發現入住的客戶最關心酒店的衛生，其次是床。如家加強了客房的衛生標準，提供「二星級的價錢，三星級的棉織品，四星級的床」。

為了推行「適度生活、自然自在」的品牌理念，如家在房間細節上下了很多工夫。如家的客房牆面以淡粉色、淡黃色為主色調，搭配碎花的床單、枕套，擺設簡潔精緻的現代傢俱，還有可折迭的行李架以節省空間，淋浴隔間使用推拉門而不是簡陋的塑膠布，在衛生間配備兩種顏色的毛巾牙具，避免兩位客人同時入住時的麻煩。如家雖然專注，但並不妨礙它以顧客需求為導向。它別具匠心地提供書刊閱讀、寬頻上網，並同一些互補性產品的知名品牌進行「異業聯盟」，方便商務人士的商旅生活，如受到賓客極度歡迎的租車服務便是一例。

為服務目標顧客，如家一般選址於經貿、旅遊比較發達的城市，在城市中的選址又講究交通的便利性，如靠近地鐵站、公車站的商務、貿易、居住區以及成本相對較低的商圈邊緣等，為客人出門辦事提供方便。

對於傳統星級酒店的過度服務，如家則加以削減甚至完全放棄。

為評定星級，酒店需要滿足房間設施、公共場所、客房服務、食品飲料供應等相應的標準。而如今越來越多的商務旅行人士和自助遊客，更關心充足的睡眠、方便的地理位置和經濟的價格。如家針對這部份顧客，剔除了傳統星級酒店過多的豪華裝飾，取消了門童，捨棄投資巨大、利用率低的康樂中心、桑拿、KTV、酒吧等娛樂設施。他們認為雖然會因此失去一部份顧客，但由此提高的性價比可以吸引更多的目標客戶。

在保證服務品質的前提下，如家在一些非關鍵的環節也盡可能少為。如家不追求豪華寬闊的大堂，但要求非常整潔；星級酒店用中央冷氣機，如家則用分體式冷氣機，冬天則使用暖氣；如家甚至將星級酒店主要收入來源之一的餐廳也大大簡化，只佔地 50～100 平方米，且不對外服務，把更多的空間變成客房；高星級酒店的客房員工比是 11～12，由於如家捨棄了多餘的服務設施和管理人員，一般是每 100 間客房設 30～35 名員工。

化繁為簡、重點突出的產品策略給如家帶來了很大的成本優勢：每間房間的投資基本上控制在 5 萬元左右（不包括租金），人工成本也比同業節約了 2/3～5/6。更重要的是，它為目標顧客提供了更加合適和滿意的服務。

首先，從現有格局開始尋找市場定位。在如家之前，中國的酒店大致格局是：高檔的酒店乾淨、豪華，但是不經濟；經濟酒店，甚至很多三星級酒店，卻不安全和不衛生。這是很大一部份消費者對這個市場基本需求的落差。如家透過數量供給過剩的表面看到了品質供給不足的本質，將自己定位在價格敏感程度相對較高，又要求衛生安全的中低檔市場，相當於二三星級的規格。在此基礎上，如家借鑑了國外經濟型酒店的經驗，引入經濟型酒店的商業模式來服務目標市場。

其次，反向思考，鎖定目標客戶。一般商務酒店都把目標客戶鎖定在高級商務人士，理由也是很充分的：第一，這些人經常出差，對酒店的需求較大；第二，這些人的消費能力強，因此附加值也比較高。如家卻看到了問題的另外一方面。根據國家旅遊局的統計，休閒旅遊和商務活動已佔到了城鎮居民出行目的的絕大部份比例。這些流動的人群，正是酒店的財源。而在商務活動中，中小企業的蓬勃發展引起了如家的注意：這部份人由於企業預算的約束，偏好經濟的價位，但同時也要求方便衛生的住宿、一致的產品以及週到的服務。需求與此相重合的客戶群還有隨著中國自助遊和休閒市場的升溫而日益龐大的休閒遊客群：從 2000 年開始，中國中國旅遊總人次超過了 60%的全國總人口，已經基本上達到了大眾旅遊的標準。發展到今天，中小商務人士佔到了如家客源的 75%，而中國經濟型飯店的平均水準是 37%，如家的倍受青睞得益於產品的顧客導向和品牌忠誠度的打造。

最後，針對目標客戶，把產品定位在關注客戶的核心要求上。酒店經常採用的定位設計是在給定的行業標準之下，透過進一步的市場分割和行銷手段來保持和擴大其客戶群，因此它關注的是顧客評價的差異；其相應的競爭邏輯便是透過提供比對手多一些的服務來提高價值。表現在中國的酒店市場上便是，星級酒店致力於提供「食、宿、購、娛」全方位服務，而大量的社會旅館、青年旅館為了給顧客帶來經濟實惠，在所有環節都縮減開支，住宿環境非常惡劣。

如家引入了國外經濟型酒店的產品形態，擺脫了這種競爭思維，在顧客所關心的特性中尋找有效的共性而非差異，跳出現有的規則、慣例、行業傳統的框架，有所為，有所不為，有所多為，有所少為，以滿足顧客的核心需求。

二、連鎖的標準化

2006 年 10 月 26 日，如家快捷酒店(下稱如家)在美國納斯達克成功登陸，融資超過 1 億美元。上市當晚如家以 22 美元開盤，高出發行價 13.8 美元 59.4%，最終收報於 22.50 美元，漲幅高達 63.04%，公司市值達到了近 8 億美元，堪稱當年資本市場的一個奇蹟。

2010 年如家被納入納斯達克中國指數股。納斯達克 OMX 全球指數集團公佈了納斯達克中國指數(NASDAQ China Index)的年度重新排名。根據最新的年度排名，如家酒店(HMIN)、盛大網路遊戲等 6 公司從 3 月 22 日起被納入納斯達克中國指數成份股。

如家酒店組建於 2002 年 6 月，從創建到開出第 100 家連鎖酒店，擁有 11000 以上的客房，如家僅僅用了 4 年零 2 個月的時間。根據公司的發展規劃，到 2010 年將在全國編織出一個 1000 家門店的大網路。

用短短 4 年時間取得如此成就，源於如家是一個從開始就按照資本市場的要求精心設計了清晰商業模式的公司。在如家的商業模式中，可複製性無疑是最重要的特性之一，也是連鎖經營必備的特質之一。

第一，做到標準化，使得擴張、複製的成本達到最低，同時又保證了品質；第二，在頂層，必須做到統一動態的管理。只有頂層統一管理沒有底層標準化，難以做到可複製；反過來，只有底層標準化而沒有頂層的統一管理，複製也會產生混亂，並最終導致複製大廈的崩塌。

「底層標準化，頂層統一化」，這就是如家對連鎖經營的理解，也是如家成功的關鍵資源能力。

在底層的標準化上，如家做到了品質標準化和管理標準化。

第一，品質標準化。要運作一個成功的連鎖企業，標準化的複製是關鍵也是挑戰。複製，意味著成本協同、規模效應和品牌強化。反之，沒有一個良好的標準化，就無法取信於消費者，從而失去連鎖的意義。為了承諾的「不同的城市，一樣的如家」，如家打造了16 本標準的酒店運作章程，對所有住宿服務項目做出詳細規定，能夠保證數百家酒店盡可能用比較一致的標準服務顧客。例如過去為保證浴巾的清潔度和舒適度，避免硬、髒、黃的現象，只能憑各店店主的主觀判斷。為此如家做了不少試驗，將浴巾反覆清洗、烘乾100～120 次，試驗出必須讓分店強迫更換的一個「數字」。

目前，如家的運營標準不僅體現在硬體、服務、流程上，甚至在酒店的改造工程上也逐步實現模塊化、標準化。例如，在開發新的分店時，如家可在各改造方案中隨意挑選某號方案做客房，某號方案做大堂……即便酒店開 300 家、500 家，也無需逐一起草設計圖紙。

此外，如家並非一勞永逸地制定標準，而是在實踐的檢驗中不斷升級完善。每隔半年，如家負責研究公司品牌標準的專門小組會就 16 本標準手冊的改進開一次會，保證其適應經濟型酒店市場的新變化。

為了確保標準的有效貫徹和履行，如家學校和人力資源部提供了相應的培訓支援。各店不僅必須按標準執行每一個步驟，員工還要每天學習 16 本標準手冊和自己有關的部份，每個月進行考試，強化對標準的熟練掌握。總部會定期檢查或突擊訪問，監督分店達標運作。

第二，管理標準化。從 2004 年起，如家開始致力打造標準化的管理系統。

如家在店長層面，推行了 KPI(關鍵業績指標)管理，透過銷售、客源、成本、客源結構四個方面考核每個分店店長的工作。店長的工作需依章執行：每天找兩個顧客填滿意表、查兩間房；每週或者十天開一次員工會，調查員工滿意度；同時關注基礎設施、成本和人才的培養；研究客源結構，等等。如家希望管理層站在同一個平台上關注相同的問題：採購、品質標準、成本控制……使每一個店長在執行層面找出問題、分析問題、解決問題。

針對分店的管理，如家提出了「外部五角」、「內部三角」的理論。外部五角是指行業、產品、價格、服務和行銷，它們是顯性的，可以被觀察和複製，但也易於被對手模仿；內部三角包括人力資源，管理系統，有效的管理管理層、員工以及顧客，這些是隱性的，是看不到也是難以抄襲的部份。在如家的構想裏，建立一個遊戲規則對於連鎖企業來說，是一個重要的前提。

在頂層的統一管理上，如家開發了兩套管理體系。

第一，統一的客源平台。在如家之前，中國的酒店一般是單體酒店，對網路的需求不高。如家的目標是建立強大的連鎖品牌，必然需要一張連接各地的客源網路。

從 2004 年起，如家開始建立自己的客源系統，其中一個重要的模塊就是 CRS，即中央預訂系統，提供電話和網路預訂。一旦預訂成功，CRS 馬上會自動將信息回饋給分店。如果僅僅是輸送客源，無非是 1＋1＝2 而已；關鍵是統籌和調配客源，PMS 讓如家實現了 1＋1＞2。

PMS 是如家自主版權的酒店管理系統軟體，包括前台、客房等模塊，它將所有分店和總部集合在一個平台上，使得總部可以在即時信息的基礎上有效分配資源並對分店進行統籌管理，其重要功能有兩個。

①管理分銷管道。系統可以匯總統計各種分銷管道的貢獻度：有多少人撥打免費電話，多少人借助旅行社預訂，多少人直接入住，等等。在資料分析的基礎上，如家總部每日分配每種管道的房間供應數，以最大化利潤。

②整合空房信息。提高入住率是酒店經營的關鍵，如家平均 90%的入住率一度成為業內的神話。其中，PMS 功不可沒：它將各家分店的空房信息、房費和預訂情況即時回饋給預訂系統的代理人，使得代理人可以賣出最後一間房。

在這樣一個平台的支援下，客戶資源在網路內循環，無形中擴大了客源，提升了客房的整體入住率。

舉例來說，顧客可以在北京打電話預訂在上海某個分店的客房。如果上海世紀公園店客房滿員了，這個中央平台可以把顧客推薦到附近其他如家的分店。

第二，動態的管理系統。如家雖然一直秉承統一的標準、可複製的模式，但並不意味著抹煞了因地制宜的權變。

對客戶而言，如家的客戶關係管理系統會跟蹤顧客的消費模式並累計會員積分。這些資料使得如家可以提供更有針對性的行銷支援。

對分店而言，總部每日透過 PMS 監督分店的入住率、平均房費、RevPAR 和其他運營數據，及時解決出現的各種問題，還會在歷史業績和推測入住率的基礎上為每間分店提供房價建議。

此外，總部同分店經理會一起在歷史表現和當地市場條件的基礎上對每家分店制定詳細的年預算以及行銷計劃，他們之間的有效溝通是透過「管理報告系統」(Management Reporting System)實現的。由此可見，如家施行的是一種動態的管理，它在尊重市場的前提下保持了一個標準化企業的應變能力。

如家的高速成長並非粗放型的攻城掠地，它試圖建設一個成熟、高效、協同的系統來支援企業現在和未來的戰略發展。這往往是中國一些盲目跟風的經濟型酒店經營者所難望其項背的，也是如家不可複製的能力和決勝未來的關鍵。業務的可複製性，讓如家具備了可成長性，前途不可限量；能力的不可複製性，讓後來者和競爭對手望洋興嘆，如家建立起了進入的高門檻。正是同時具備了這兩樣，如家的成功才水到渠成，並已成為神話。

◎ 登月計劃，擺平各方，為自己賺錢

火箭和太空艙都已經造好了，第二步就是挑選太空飛行員。

有三個人前來應徵，工作人員對他們說：「隨便說說你們的薪資要求吧。」

來自德國的應徵者說：「我想要求 3000 美元。其中 1000 美元歸自己用，1000 美元歸我的妻子，1000 美元支付購房基金。」

來自法國的應徵者說：「我要求得到 4000 美元。我自己得 1000 美元，我的妻子得 1000 美元，還購房貸款 1000 美元，我的情人也得 1000 美元。」

最後以色列的應徵者說：「我的要求是 5000 美元，其中 1000 美元歸你，1000 美元歸我，其餘的 3000 美元用於僱德國人開太空船。」

猶太人不用親自開太空船，隨便擺弄幾個數字，就可以白拿 1000 美元，還可以送工作人員不菲的人情，表現了猶太民族最典型的思考方式。

看完這則故事之後，我們不得不佩服猶太人的聰明。他不必受任何的勞累，不但獲得了金錢，而且獲得了各方面的好感(其中包括負責徵召的工作人員)。猶太人的聰明之處就在於他憑藉自己的智慧，妥善安置各方，然後讓他們為自己賺錢。

賺錢說難也很難，說容易也很容易，關鍵就看你具不具有超人的思路。

心得欄

27

提供加值服務，佔有整個市場

世界 500 強之一的瑞典利樂(Tetra Pak)公司，主要生產銷售包裝材料、飲料加工設備和灌裝設備。作為全球最大的軟包裝供應商，它掌控著全球 75%左右的軟包裝市場佔有率，到目前為止，中國業務佔利樂全球業務的 6%，利樂公司控制了中國 95%的無菌紙包裝市場。自 1985 年正式進入中國，到目前為止它已經成為中國最大的軟包裝供應商。

在中國，每買一盒伊利、蒙牛牛奶，利樂公司就會非常高興，因為蒙牛、伊利都採用它的無菌紙包裝，每賣出一盒牛奶，利樂就獲得一份收入。實際上，利樂早期是製造牛奶成套灌裝設備的，為什麼還做牛奶包裝耗材呢？中國奶業巨頭為什麼都用利樂的包裝呢？

早期的利樂，在進入中國之初，僅僅是傳統的液態食品灌裝設備供應商，目標定位非常簡單明確，就是為客戶提供灌裝設備，整個產業流程包括利樂負責提供設備以及售後維修服務，下游液態食品企業利用設備進行生產，早期的利樂透過直銷模式推動灌裝機的生產，從而獲得利潤。

一開始，利樂直接銷售牛奶成套灌裝設備，但由於設備價格昂貴，一般要數百萬元，因而限制了企業的購買能力。同時，其他同類產品進入中國市場，有了競爭對手，利樂的壟斷優勢漸漸喪失。

為此，利樂提出了一個有吸引力的灌裝機與包裝材料捆綁銷售方案，即 80/20 的設備投資方案。客戶只要付款 20%，就可以安裝設備，此後 4 年，每年訂購一定量的利樂包裝材料，就可以免交其餘 80%的設備款。這樣客戶可以用 80%的資金去開拓市場，或投資其他項目，成功縮短資金運轉週期！而利樂的這種捆綁銷售模式，使利樂設備迅速擴大了市場佔有率，成了所有牛奶生產廠家的投資首選，並且成功地把競爭對手關在了門外。

近幾年，隨著競爭的加劇，利樂將二八銷售模式轉化為買紙送機，即免費贈送灌裝生產線給客戶。一條生產線動輒數百萬甚至上千萬，利樂的免費贈送當然有其深意之處，安裝了利樂生產線，接下來幾年必須使用利樂的包裝材料。因為在生產技術上，利樂的紙質材料都設有一種標識密碼，利樂公司灌裝機上的電腦識別了這個標識密碼才能工作，用其他公司的包裝紙灌裝機就不工作。利用這種技術使客戶的包裝紙選擇產生對利樂的「路徑依賴」，轉換成本高昂。

利樂還向客戶提供有價值的增值服務，例如生產過程追蹤模型技術則讓競爭對手心悅誠服，利樂不僅僅為客戶提供能夠看得見、摸得著的機器和設備，還提供全流程管理的有價值的服務，是一個全系統的解決方案，生產過程追蹤模型可以實現產品追溯功能。如果顧客從超市買回去的一盒牛奶出現問題，那麼根據產品所存儲的信息，可以將其生產過程重新檢查一遍，包括灌裝、冷卻、分離、混合，直至提供原奶的奶牛。這個系統可以使整個生產過程以數字化的形式存儲下來，使生產過程視覺化。

此外，一旦產品出現差錯，利用產品追溯系統，生產企業可以快速而準確地界定差錯產品的責任環節以及產品範圍，從而有針對性地召回差錯產品，而不是當日的所有貨品。這樣的結果不僅為企業節約了成本，也以最快的速度消除了產品對消費者的潛在危害。這套系統的可怕之處恰恰在於，基於食品企業對最敏感安全問題的考慮，它可能讓液態食品生產企業對於利樂的依賴性進一步加大。

目前，利樂擁有 5000 多項技術專利，並有 2800 項正在研發和申請當中，利樂研發的理念在於深刻理解和不斷滿足用戶的需求，堅持不懈地創造出富有趣味的產品。利樂有一款名為 Aptiva 的無菌包裝，透過將紙筒瓶身和塑膠頂部及螺旋蓋結合起來，這款看似太過單純紙包裝界限的產品借助「塑膠」的透明效果滿足了消費者尤其是兒童對於視覺效果的要求，但是卻保持了無菌紙包裝的技術效果。最主要的是，這款利樂 Aptiva 無菌紙瓶是專門用來替代塑膠瓶的，與無菌塑膠瓶和無菌高密度聚乙烯塑膠瓶的包裝線相比，可以給飲料生產廠家節省 20%～50%的運營費用。這種以成本為導向的創新對於利樂繼續挖掘成熟市場的潛力十分有益。而在十分在意價格的新興市場國家，利樂也能有效引導乳品和果汁市場走向高附加值和差異化競爭。歸根結底，利樂策略調整的目的只有一個：增大與客戶之間的粘性。

顯然，利樂利用標誌密碼技術和生產過程追蹤模型技術為客戶提供整套生產製造系統的解決方案，從而控制整條產業鏈，鎖定客戶，佔據行業領導地位。從銷售設備中獲取收入僅僅是利樂盈利模式的一個點，更重要的持續增長收入來源於牛奶包裝材料。在伊利2002年度年報中，其40%的銷售成本都來自於包裝環節，可見包裝材料的盈利有多豐厚。

在成本結構上，利樂則與環保公司合作採用循環回收的方式降低成本。到目前為止，在中國無菌紙包裝市場，佔絕對壟斷地位。中國乳業巨頭都使用利樂的無菌灌裝生產線及相應的包裝材料。只要這些生產線持續生產，利樂就會有源源不斷的利潤。

同時，利樂透過條碼灌裝機的專利，使其他品牌的包裝材料無法在利樂的設備上使用(利樂包裝材料上的條碼，含有最終成品的信息，當灌裝機工作時，要讀取其信息，來確定灌裝的容量及品種)，這樣，利樂就建立了持續的盈利點，而且保護了自己的利潤流。

利樂透過連續銷售包裝材料，最終分享到中國奶業市場帶來的長期利潤增長，其收入的年增長率高達44%。

28

控制零售終端的盈利方式

中國品牌女鞋銷量的 71%來自於百貨商場，而百麗透過它進入到銷量前 10 名的 4 個自有品牌(實際上它有 6 個自有品牌)、30 餘個國際品牌在百貨商場內開設獨立專櫃，就牢牢控制了百貨商場零售終端。在每一個百貨商場，你看到的是不同的品牌專櫃，但這些專櫃的背後都歸屬百麗公司。

管理學大師彼得· 德魯克所言：「21 世紀企業的競爭，不再是產品與服務之間的競爭，而是商業模式之間的競爭。」百麗公司就是體現這樣一個企業經營理念。百麗公司的廣告投放很少，不像奧康、紅蜻蜓公司廣告滿天飛，這樣的企業看似默默無聞，但其實它牢牢地控制了零售終端，控制了鞋業市場。

百麗公司不僅牢牢地控制了百貨商場的零售終端，同時也善於透過資本運作來擴大零售終端的優勢。鞋業公司往往現金流不錯，很多鞋業公司自認為不缺錢，往往不屑於與風險投資對接，而百麗公司並沒有這樣狹隘地思考，融資並不是單純「融資金」，更是「融資源」。百麗公司在融得摩根士丹利和鼎暉基金的風險投資之後進入了企業發展的快車道，2007 年 5 月 23 日在香港交易所成功上市。上市當天募集資金近 100 億人民幣，股票市值達到了將近 800

億人民幣。

今天的百麗公司能達到什麼樣的營收規模呢？相信超出了很多人的預期。這樣一個默默無聞的龐然大物，截至 2008 年，銷售額已突破 178 億元，規範化後的稅後淨利潤已突破 22 億元，稅後淨利潤率大概在 12%左右。這樣一個龐然大物，在過去的兩年裏依然保持高速發展，其中相當大的因素就是不斷併購。百麗公司在上市以後，3.8 億元收購了 Fila，6 億元收購妙麗，16 億元收購江蘇森達，15 億元收購香港上市公司美麗寶，美麗寶本身就有多品牌的鞋業，所以進一步擴充了百麗公司的零售控制力。百麗公司依然在快速增長，雖然它已經是一個價值將近 200 億的公司。這樣的增長就源自於百麗公司牢牢地控制了百貨商場這樣一個佔著中國品牌女鞋銷量 71%的黃金地段，它用 1/3 甚至 1/2 的櫃台來控制百貨商場的零售終端櫃台。百貨商場動輒幾萬平方米的投入，但最終發現其實是給百麗公司開的，百麗鞋業現在已經有 7000 個零售終端，百麗公司同時是服裝零售大鱷，已經有 3000 餘個零售終端，所以百麗已經有 10000 個左右的零售終端。百麗公司，與其說是一個賣鞋的公司，不如更準確地說它是一家零售連鎖企業，而它的成功本質就是「類房地產」。

一、百麗的盈利模式

在 2005 年、2006 年兩年內，百麗通過資本運作的方式收購了 1500 家優質加盟店，利潤從 2004 年的 7500 萬元暴漲到 2006 年的 9.7 億元，增長了 13 倍，從而成就了「內地零售公司的市值之王」。

在 2007 年 5 月，百麗就發展到了 4000 餘家管道，成為中國鞋業管道最有話語權的品牌。「百麗最有價值的就是它的銷售網路。」

2007 年 5 月 23 日，內地的女鞋龍頭企業百麗國際控股在香港正式掛牌上市，融資 86.6 億港元。上市當天就創造了市值達 789 億港元的神話，一舉超過國美電器當天 360 億港元市值一倍多，成為香港聯交所市值最大的內地零售類上市公司。

百麗的上市及其表現震驚了中國制鞋行業、連鎖企業和資本市場，因為此前女鞋品牌百麗在媒體上一貫很少露面，上市當天市值即超越國美，一亮相便勢壓群雄。

低調者的異軍突起讓眾多人士大跌眼鏡。因為此前百麗低調處世，而幾十個來自晉江的運動鞋品牌和十幾個服裝品牌在 CCTV-5 頻道中「你方唱罷我登場」。然而幾年過去了，晉江品牌中的大多數並沒有怎麼長大，還是維持幾億元到十幾億元的銷售規模，管道也沒有進一步的擴張。廣告轟炸＋明星代言的行銷策略，沒有辦法幫助這些品牌迅速做大做強，多數品牌依然只能在二三線市場生存。

迴異的差距來自不同的發展戰略。百麗一直將拓展管道作為其核心戰略，緊盯管道，在管道做到龐大規模之後，又借助資本的整合能力將管道做強，百麗從眾多鞋業品牌中脫穎而出。

百麗的成功和與其擅長資本運作、多品牌戰略、縱向一體化的戰略息息相關，但這些競爭優勢都是在其擁有強大的銷售網路的前提下逐漸形成的。「管道是百麗最根本的核心支撐力。」

但是百麗的核心管道戰略的形成，在當年卻是一個不得已而為之的事情。百麗國際的前身為麗華鞋業，是香港人鄧耀創立的。1991年 10 月，麗華成立中外合資企業深圳百麗鞋業有限公司。「20 世紀 90 年代初，中國還沒有對外資開放零售業，因此，帶有港資背景的百麗鞋業還沒有辦法做分銷，於是在不得已的情況下，通過聘用來自內地的總經理盛百椒，將其家族成員和親戚紛紛動員起來，了幾十家分銷商，繞過了政策的限制，這才將分銷做起來。」

百麗鞋業從一開始就沒有遵循一般的制鞋企業的經營模式和規律，而是將拓展管道作為其核心戰略來進行。而從今天的行銷規律來看，在制鞋業，終端恰恰是一個更好的品牌展示和傳播的管道，通過終端進行品牌的展示和推廣要比廣告傳播更為有效。而當時百麗所採用的核心管道策略，無疑為後來的一系列擴張奠定了堅實的基礎。

就這樣，在 20 世紀 90 年代初，百麗鞋業通過總經理和老闆的合作關係，由總經理家族控制了下游的分銷管道。但是，很快就發現公司對這種代理模式的控制力比較弱，對未來的發展存在一定的經營隱患。於是從 90 年代中期，逐步改為特許專賣模式，通過改組，最終保留了 16 家分銷商，而這些分銷商的職能也發生了變化，主要的職能是幫助公司發展直營連鎖和特許連鎖網點，並為其提供支援和服務。經過這次改革，百麗鞋業的管道擴張速度迅速加快，從 1995 年到 2001 年的六年中，在全國迅速發展了五六百家連鎖零售網點。

而在當時的中國鞋類市場，還沒有一家企業採用的是這種集中開連鎖零售店的模式，多數企業都是經銷商＋終端點的模式。通過這種快速複製的連鎖模式，百麗的管道規模在當時的中國女鞋市場上已經做到了最大，2001 年，百麗女鞋成為中國女鞋產銷量、銷售額最大的品牌。

二、加強對管道的控制

2002 年 7 月，百麗國際和百麗分銷商共同成立了深圳市百麗投資有限公司(簡稱為百麗投資)。其中鄧耀家族成員和盛百椒家族成員共同持有百麗投資 45%的股份，其他 16 家分銷商持有 55%的股份。這樣百麗國際即與百麗投資訂立獨家分銷協定，代替了先前與個體分銷商訂立的獨家分銷協議。由於兩個家族佔據了百麗投資最大的股份，從而深度介入了這一主要由銷售網路終端組建的公司。通過這種股權安排，鄧耀等創始人顯然加強了對下游銷售終端的控制力，將管道的話語權掌握在自己手裏。

2004 年年底，百麗投資旗下 1681 家零售店開始逐漸通過改簽租約的方式轉移至離岸公司百麗國際旗下，門店的管理則以重新聘用銷售人員的方式實現轉移；而百麗投資旗下的辦公設備、汽車及無形資產則以 6120 萬元的價格出售給了百麗國際。百麗國際在 2005 年 8 月終止了與百麗投資的獨家分銷協定，並在 2005 年 8 月 24 日開始重組，2005 年 9 月，摩根士丹利旗下的兩家基金公司以及鼎暉投資以約 2366 萬港元認購了百麗國際部份新股。

「在百麗國際的股權結構中，16 家分銷商佔據了 55%的股份，畢竟對日常的經營決策干擾比較大，而重組後，百麗國際引入基金公司和投資公司這樣的戰略投資者，原來的 16 家分銷商不是退出就是股份被攤薄稀釋。這些戰略投資者並不干預公司的日常經營，但可以幫助百麗更好地和資本市場對接。」在業內資深人士看來，這一舉動是百麗國際向資本市場靠近的標誌。

此外，由於分銷商資金實力有限，不能滿足快速擴張管道和開店的要求，適時引進戰略投資者，還可以拿到更多資金，解決快速開店的資金壓力。從 2005 年 9 月後，百麗的管道再次開始高速擴張，截至上市前的 2007 年 5 月，直營連鎖店已經達到 4800 家。

三、與「被收購加盟店」共享股市盛宴

百麗國際的成功上市，證明百麗的模式非常受資本市場的追捧。那麼，作為一個中國女鞋品牌為什麼如此獲得資本市場的追捧呢？

資本市場給予百麗如此高的市值，與其上市前的資本運作密切相關。

仔細分析上市前三年的財務數據就可以看出百麗迅速躥紅的奧秘：2004 年百麗的銷售收入和利潤分別是 8.7 億元和 7500 萬元，而到了 2006 年這兩個數據暴漲到 62 億元和 9.7 億元，利潤增長了 13 倍。高速的成長率和良好的經營業績，沒有理由不受到

資本市場的青睞。

「這樣的增長速度當然會受到資本市場的青睞，但這樣的增長速度更多的是借助資本方式獲得的，這兩年中尤其是 2005 年，百麗通過一系列的收購，百麗國際收購了旗下 1500 家優質的加盟店，直營店的數量大大增長，這樣通過合併財務報表，百麗體現在財務上的營業額和利潤就是一片飄紅了。」一位熟悉百麗資本運作的業內人士表示。

2005 年，百麗公司引入摩根士丹利和鼎暉投資兩家 PE 戰略投資者，融資 2366 萬港元，約佔百麗 4%的股份。從這些數據可以推斷出當時風險投資給出的公司估值大約為 6 億港元，而上市後市值達到了 789 億港元，摩根士丹利和鼎暉的投資回報達 130 倍。

那麼，對於那些在上市前被收購的加盟店而言，雖然被控股，但上市後，其資本增值的倍數帶來的收益比被控股失去的利潤大得多。以百麗公司 2006 年每股盈利 0.1475 港元、每股 6.20 港元 IPO 價格計算，其上市市盈率達到 42 倍。值得注意的是，百麗用的是股權收購，用未來上市後的溢價換取加盟商 51%的股份，從而取得控股地位，上市前並不和加盟商進行分紅，這樣就保證了加盟商的利益，同時又以很低的代價就將 1500 家加盟商的財務數據合併到百麗的賬上，從而給資本市場一個漂亮的成績。

事實上，百麗上市後，那些加盟商也享受到了上市帶來的巨大收益，造就了為數不少的千萬富翁。

在業內人士看來，百麗的成功有很多因素：多品牌戰略、縱向一體化的模式、資本運作能力，但這些要素還是建立在其龐大的管道體系之上的。

而在百麗的每個發展階段，由於及時進行策略的調整，都順應了市場的需求，有效地促進了管道的進一步擴張：20 世紀 90 年代中的改分銷代理模式為連鎖加盟模式，讓百麗的管道網點在內地女鞋市場上迅速做到了最大；2002 年成立百麗投資，則讓百麗國際加強了對下游管道的控制力；2004 年、2005 年的重組，引進戰略投資者，則讓百麗獲得了足夠的資金，再次開始了高速的管道擴張；2007 年香港上市，百麗國際則完全蛻變成了一個資本大鱷，攜上市後的巨額資金，開始了一系列的收購行動。

心得欄

29
騰訊 QQ 的免費模式

ＱＱ網站的馬化騰有一句話非常經典，他說騰訊ＱＱ要做 Internet 上的水和電，讓所有人都離不開。騰訊的發展證明，能夠滿足人們的需求，擁有龐大用戶群的企業，一定能賺到更多的錢，而且賺錢時還無比輕鬆。

一個企業的成功不能僅僅看它現在的利潤，更需要看它未來的發展前景。因為企業的競爭不僅僅看今天誰賺得錢多，而是看那一家企業有持續賺錢的能力。如果企業暫時賺錢了，卻不去提升自己的競爭力，不投資未來的競爭領域，那麼以後這家企業的錢是越來越難賺。所以未來的企業競爭不是比資本，而是比企業的賺錢能力，如果企業沒有持續賺錢的能力，那麼今天企業的固定資產根本就支撐不了多久。

對於一個企業來說，最重要的就是必須要有你的消費群，要有顧客。那麼，你怎樣才能將顧客召來，並且將他們留住呢？當然是你得有吸引他們的地方，這個吸引他們的地方就是你的產品必須能夠滿足顧客的需求。社會是一個現實的世界，如果你手裏沒有別人想要的東西，誰會在你這裏浪費時間和金錢呢，如果你的產品不能給顧客帶來好處，不能滿足他們的要求，那你的產品就是垃圾。想要你的商業模式成功，你就必須把滿足顧客要求放在首要的位置，其他一切都可以放到這一點之後。

說到滿足顧客的需求，現在 Internet 上的很多企業都在這方面做得非常好，例如騰訊。說起騰訊，相信每個人都知道，不管你是做什麼的，你一定都有騰訊的微信，它是和騰訊的 QQ 結合在一起的。騰訊微信免費給人們使用，為人們提供即時通信聊天的平台，有很多人甚至用它代替了打電話。正是由於騰訊不斷滿足人們的需求，並且還不用花錢，所以它的用戶量幾乎是所有企業當中最多的。現在的騰訊，每天 24 個小時，在任何時間，都有至少 2 億的用戶同時在線，這是其他企業都比不了的。

騰訊的通信服務是不收取任何費用的，那麼騰訊不賺錢嗎？當然不是，誰都知道騰訊特別能賺錢，它的市值甚至比最大的搜索網站百度都高。一個免費給人們提供服務的企業，竟然能夠賺那麼多錢，這其實一點也不奇怪。雖然有很多服務是免費的，但是它卻有更多的週邊產品是收費的，騰訊更是借助龐大的用戶量，在各個行業都有涉足，發展成為龐大的騰訊帝國。

持續盈利指企業既要能贏得利潤，又要有發展後勁，盈利具有可持續性、長久性，而不是一時的偶然行為。能夠持續盈利是判斷企業商業模式成功的最基本要求，也是唯一的外在標準。因此，初創企業在設計商業模式時，能持續盈利和如何盈利也就自然成為非常重要的考慮方面。

雖然奇虎 360 只能算是「殺毒」業的新兵，但在周鴻禕的領導下，360 安全衛士以「狠狠的」免費招式掀起了安全領域的風暴。

作為中國 PC 用戶端的鼻祖，周鴻禕始終恪守著「用戶需要什麼就要什麼」的理念，尊重用戶體驗的價值，所以 360 殺毒軟體走入市場時，並沒有立刻追求付費的模式，而是採用免費的方式，給用戶以選擇權。然而，幾乎所有的免費軟體都面臨著一個問題：如何盈利？如何在沒有任何收入來源的情況下繼續運營？順應 Internet 免費大潮的奇虎也在探索自己的盈利模式。

事實上，360 安全衛士推行的盈利模式很簡單：普遍性服務免費，增值服務收費。

周鴻禕和他的團隊認為，免費的軟體能夠吸引足夠大的用戶群。只有足夠多的用戶，才能為未來的盈利創造良好的基礎。在軟體價格低廉的情況下，即使有 1%的 360 用戶，每個月那怕花費幾塊錢，付費也是龐大的市場。這也是周鴻禕對投資免費 Internet 軟體看好的原因之一。另外 360 殺毒裏面還有一個軟體推薦功能，這些軟體如果想長期獲得 360 殺毒的推薦，就需要支付一定的費用。360 安全流覽器，上面集成穀歌、百度、有道搜索框，每天有成千上萬的人在使用，這些搜索框每天都在給 360 帶來利益，同時 360 安全流覽器中投放的文字廣告也會帶來不少收入。

憑藉著 360 安全衛士等免費軟體，奇虎獲得盡可能多的用戶群，並透過提高軟體功能和豐富多樣的產品種類來滿足不同客戶的需求。對於那些只有少數人需要的個性化服務，奇虎 360 將針對部份用戶提供增值服務從而盈利。2010 年，360 安全衛士推出首個增值服務——在線存儲和安全備份。

隨著 3G 時代的到來，手機平台也越來越開放，各色各樣的手機病毒日益浮出水面，手機的信息安全也成為消費者關注的問題之一。奇虎 360 公司加速在手機安全領域佈局，為其在安全領域的下一步擴張做好鋪墊。同時奇虎也在積極部署未來的「雲安全」領域，360 的資料中心部署了 5000 多台服務器，透過專業的搜索技術、海量的用戶基礎，三者共同建立起了雲安全體系，從而為消費者提供更加有效的服務。

擁有了龐大的消費群體，自然就擁有了獲取利潤的方法。目前，周鴻禕旗下擁有 360 安全衛士這一免費軟體平台，以及 360 殺毒，360 手機流覽器，還有手機上的 360 安全衛士等多款免費產品。而這些免費的產品正是周鴻禕的「立企之本」，他希望透過「免費」模式，像騰訊 QQ 一樣搶佔用戶桌面，從而獲得長久的發展動力。

持續盈利是對一個企業是否具有可持續發展能力的最有效的考慮標準，盈利模式越隱蔽，越有出入意料的好效果。盈利能否持續，要看消費者能否持續放大或維持。一旦有了龐大的消費群體，收益就有了保證，這個盈利模式也就能持續！

初創企業發展的最大瓶頸就是客戶，只要把客戶引到產品上來，就等於成功了一半。用免費的產品吸引客戶注意，並提供用戶體驗，的確是別出心裁的一招。如果該產品經得起市場考驗，消費者就會使用並信賴此產品，企業也因此會實現盈利。

一般來說，一個持續盈利的商業模式必須具備兩個要點：

第一，是所屬行業的領頭羊，或者做到市場佔有率的老大。

第二，所進入的行業市場必須具備良好的擴展期和成長期。而對創業者來說，要成為行業的領頭羊有 3 個地方值得思考：首先，在選擇進入行業的時候，要反常規思維，也就是避免進入一個熱點或焦點行業。其次，對要進入的市場和行業具備理性分析，要有市場前瞻性，看清未來兩三年市場的需求在那裏，為這個市場的需求做好準備。再次，就是必須在技術、產品、銷售體系、盈利模式上能夠有所創新。

當然，持續盈利並不是一蹴而就的，企業盈利是一個長期積累的過程。在市場競爭初期和企業成長的不成熟階段，企業的商業模式大多是自發的，隨著市場競爭的加劇和企業不斷成熟，企業開始重視對市場競爭和自身盈利模式的研究。優秀的盈利模式是豐富和細緻的，並且各個部份要互相支持和促進，改變其中任何一個部份，就會變成另外一種模式。

對於創業者來說，在剛開始進入市場的時候，肯定會存在很多困難，但是不要輕易放棄，一旦轉行，廠房重新建造，機器重新購買，產品重新創造，客戶重新開發，創業者前期的投入就白費了。所以做企業堅持很重要，因為堅持會讓你的經驗越來越豐富，行業越來越熟悉，客戶越來越多，能力越來越強。當企業擁有了這些資源實質上就等於創業者增加了企業的競爭實力，即使一個資金比你雄厚的企業，他在沒有經營能力的前提下也是無法與你競爭的。所以企業要想持續賺錢，永遠立於不敗之地，就需要在自己的行業內做精、做專、做細。當你成為這個行業的專家，自然就成了市場的贏家。

成功的商業模式要做到放眼未來，而不是追求短期的利潤。企業也需充分認識行業的擴展性和成長性，從實際出發，以務實為盈利模式的主基調。

企業收入以那種產品/服務、在那個階段、以那種方式來獲得？收入的可持續性與黏性？收入的爆炸性增長可能？這一式主要就是告訴大家怎麼賺錢，而且還不是傳統的賺錢方法，而是怎樣獲得 10 倍於傳統利潤，並且可持續 10 年獲利，也就是獲得長期高額利潤的方法。不僅如此，商業模式中的收入倍增模式還是給競爭對手樹立高競爭門檻的賺錢方法，不僅意味著自身獲取高額長期利潤，也意味著成功地阻礙了競爭對手的惡性競爭。往往是競爭對手靠這種方式賺錢，而我不靠，我靠另外一種方式賺錢。

新浪、搜狐、網易等中國門戶網站如何構建自己獨特的收入模式？門戶網站對網民流覽是免費的，億萬網民成為了門戶網站最直接的用戶，但卻是免費模式，網民不交任何費用，門戶網站並不是靠網民賺錢，透過網民的免費模式，使得門戶網站的用戶人數規模在短短幾年的時間裏達到幾千萬甚至上億。當初美國納斯達克科技股泡沫破裂的時候，從 5500 點跌到 1360 點，在那個時候，新浪、搜狐等這些門戶網站的股票股價都非常低，低到什麼程度？甚至低到這些公司的股票價值低於公司所擁有的現金額，這說明投資者對這些公司絕望了。為什麼絕望了？因為它沒有找到賺錢的方法，對網民是免費的，當時尚未創造出賺錢的方法，這才會出現「股票價值甚至低於公司所擁有的現金」的極端狀況。這種極端狀況就源自於當時的中國門戶網站尚未找到賺錢的方法。那麼是什麼讓這些公司活過來的呢？

是 SP 短信業務，SP 短信業務讓中國的門戶網站賺到了第一桶金，就這麼活下來了。不過隨後 SP 短信業務迅速急轉直下，在完成歷史使命後迅速從歷史舞台上消失，但是在當時，SP 短信業務曾經有過力挽狂瀾的貢獻。

門戶網站的第二桶金，就是我們後來看到的網路廣告，新浪的廣告直到第五六年才能夠實現盈虧平衡。所以，當一個項目與 VC 談融資時說將靠廣告賺錢，VC 心裏往往沒底，因為新浪這樣巨大的投入，直到第五六年才能夠真正賺到廣告模式的利潤。現在時代變了，靠廣告去賺錢的 Internet 項目盈利越來越難了。

今天的門戶網站最賺錢的是什麼？答案是網路遊戲。網易的網遊規模非常大；搜狐在金融危機中將網路遊戲部門（暢遊網）分拆再上市登陸納斯達克；新浪網過去在網遊方面一直不成功，現在也在不斷加大對網遊業務的投資。

透過以上分析，可以很清楚地看到，這些門戶網站的盈利手段，對網民是免費流覽，幾年以後透過 SP 短信賺到了第一桶金，在五六年以後透過網路廣告實現了穩定長期的大額收入，如今正在透過網路遊戲賺取極為豐厚的利潤（好像搶錢一樣）。相信未來門戶網站還會延展出更多的賺錢方法。這就是商業模式第二式所講的，收入以那種產品、在那個階段、以那種方式來實現。這就需要企業家、創業者進行準確而獨特的創意與設計，收入獲取方式、階段、產品的設計應與競爭對手不同，越是依靠與眾不同的收入實現模式，企業的競爭門檻就越高。

免費模式是商業模式的表現形式之一，以免費報紙為例，其與起，打破了原有報紙的商業模式。1999 年 3 月，英國首份免費報紙《倫敦都會報》面世，令報界一片譁然。它一上市就頗受讀者歡迎，一些較晚到達地鐵站的人就拿不到報紙。

隨著免費報紙風潮的出現，許多傳統報紙的發行量紛紛下降，有的甚至下降了 30%多。可見免費報紙的市場衝擊力是多麼大，市場空間和發展後勁是多麼足。

報紙的免費模式徹底顛覆了傳統報紙的商業模式。傳統報紙的收入主要依靠兩方面：發行收入和廣告收入。發行量又和報紙品質、報紙銷售價格緊密相關。而免費報紙唯一的商業模式就是廣告，所以不管是內容還是版面設計，都是要把讀者引導到廣告訴求上來。

從兩種商業模式的比較來看，免費報紙容易突破銷售瓶頸，但前提是報紙內容不能太差而且必須有足夠的資金支持，否則維持下去也很艱難。免費的商業模式需要在一個成熟的市場才能成長起來，尤其在 Internet 時代，信息共用成為人們的共同訴求。免費的背後，是商業模式的完善和成熟。騰訊的發展過程就是一個商業模式不斷完善和成熟的過程。

展望未來，一般是平台免費，增值收費；產品免費，服務收費。免費只是招搖的手段，透過免費的形式，企業可以快速聚攏一部份客戶群體，為企業的持續盈利創造機會。

但是免費需要一個成熟的市場才能成長，初創企業在設計商業模式的時候一定要明確那些環節是利潤貢獻較大的？那些環節對公司利潤貢獻最小，甚至是沒有利潤貢獻的？從而有針對性地設計商業模式，用最優秀的資源去優化最關鍵的環節，形成企業的相對競爭優勢，從而鑄造獨特的、富有競爭力的商業模式和盈利模式。

騰訊從一隻亦步亦趨的小企鵝，現在已經發展成為一個航母級的大平台，目前已穩居中國 Internet 企業市值的頭把交椅。目前 QQ 在中國外擁有註冊用戶過億，且以幾何速度每日遞增。「QQ 之父」馬化騰正帶領著自己的團隊一步步創建起自己的企鵝帝國。

1998 年底，馬化騰開始創業。騰訊在創立初，和其他剛開始創業的 Internet 公司一樣，面臨著資金和技術兩大問題。1999 年 2 月，騰訊開發出第一個「中國風味」的 ICQ，即騰訊「QQ」，受到用戶歡迎，註冊人數瘋長，很短時間內就增加到幾萬人。隨著用戶量的迅速增長，運營 QQ 所需的投入越來越多，馬化騰只有四處去籌錢，借助海外的風險投資，騰訊公司終於在艱難中生存下來，也漸漸建立並完善了屬於自己的商業模式。

免費的 QQ 只是招搖的紅手帕，而 QQ 本身也從廣告、移動 QQ、QQ 會員費等多種領域實現了盈利。天下沒有免費的午餐，免費的背後是用戶習慣和消費群的確定。隨著 QQ 用戶的不斷增長，騰訊推出了各種各樣的增值服務。

(1)Internet 增值服務

Internet 增值服務包括了 QQ 會員收費、QQ 秀、QQ 遊戲等全線 Internet 服務。隨著「QQ 幻想」和「QQ 華夏」以及「地下城與勇士」、「QQ 炫舞」和「穿越火線」等遊戲的相繼推出和完善，網遊這個蛋糕給騰訊帶來了不少的收益。另外還有拍拍網上的 QQ 幣等虛擬商品的銷售額也在火暴增長。

⑵網路廣告

在門戶網站陣營中，QQ.COM 流量第一，已將新浪甩在了腦後；收入第三，全面超越了網易。QQ.COM 的門戶流量，已經奠定了威脅新浪等以廣告收入為主的門戶網站的基礎，即將再次成為騰訊家族後發先至的成功典範。

⑶移動及電信增值服務

移動及通信增值服務內容具體包括：移動聊天、移動遊戲、移動語音聊天、手機圖片鈴聲下載等。當用戶下載或訂閱短信、彩信等產品時，透過電信運營商的平台付費，電信運營商收到費用之後再與 SP 分成結算。

以 IM 為核心依託，以 QQ 為平台，借助免費的 QQ 軟體和良好的用戶體驗，QQ 開始以低成本地迅速擴張至 Internet 中幾乎所有領域。2005 年，馬化騰大舉進軍休閒遊戲；接著又斥資進入大中型網遊；2006 年，馬化騰又進入電子商務領域，在拍賣和在線支付上亮出利刃。

如今，馬化騰執掌的騰訊公司已經圍繞 QQ 創立了中國最大的三家綜合門戶網站之一、第二大 C2C 網站、最大的網上休閒遊戲網站，擁有全球用戶數最多、最活躍的 Internet 社區，其市值在世界 Internet 產業內僅次於 Google 和 Amazon。

騰訊科技商業模式的特點是以 IM(即時通訊)為核心依託，以 QQ 為平台，低成本地擴張至 Internet 增值服務、移動及通信增值服務和網路廣告。這種商業模式對應的原理是平台經濟學。免費的 QQ 軟體為騰訊帶來的最寶貴的資產，是龐大的活躍用戶群體，是

Internet 上的客流。拍拍網、SP、休閒遊戲、網路遊戲以及之後的一系列產品，是開在鬧市的旺鋪。有龐大的 QQ 用戶做支援，騰訊的擴張之路幾乎是撒豆成兵。

世界上有一種路，是一個人走出來的；商界有一種模式，是一個企業創造出來的。馬克思為寫《資本論》在大英博物館地毯上踩出的路，就是他一個人走出來的；騰訊科技的「商業模式」是創出來的，騰訊的 QQ 之路，是以馬化騰為首的騰訊人走出來的中國式 Internet 之路。

◎ 成功就是簡單事情重覆做

著名的傳銷大師即將告別他的傳銷生涯，應行業協會和社會各界的邀請，他將在該城中最大的體育館做告別演說。

那天，會場座無虛席，人們在熱切地、焦急地等待著那位當代最偉大的傳銷員作精彩的演講。當大幕徐徐拉開，舞臺的正中央吊著一個巨大的鐵球，為了這個鐵球，臺上搭起了高大的鐵架。

一位老者在人們熱烈的掌聲中，走了出來，站在鐵架的一邊。他穿著一件紅色的運動服，腳下是一雙白色膠鞋。

人們驚奇地望著他，不知道他要做出什麼舉動。

這時兩位工作人員，抬著一個大鐵錘，放在老者的面前。

主持人這時對觀眾講：請兩位身體強壯的人到臺上來。好多年輕人站起來，轉眼間已有兩名動作快的跑到臺上。

老人這時開口和他們講規則，請他們用這個大鐵錘，去敲打那個吊著的鐵球，直到把它蕩起來。

一個年輕人搶著拿起鐵錘，拉開架勢，掄起大錘，全力向那吊著的鐵球砸去，一聲震耳的響聲，那吊球動也沒動。他就用大鐵錘接二連三地砸向吊球，很快他就氣喘吁吁。

另一個人也不示弱，接過大鐵錘把吊球打得叮噹響，可是鐵球仍舊一動不動。

台下逐漸沒了吶喊聲，觀眾好像認定那是沒用的，就等著老人做出什麼解釋。

會場恢復了平靜，老人從上衣口袋裏掏出一個小錘，然後認真地面對著那個巨大的鐵球。他用小錘對著鐵球「咚」敲了一下，然後停頓一下，再一次用小錘「咚」敲了一下。人們奇怪地看著，老人就那樣「咚」敲一下，然後停頓一下，就這樣持續地做。

十分鐘過去了，二十分鐘過去了，會場早已開始騷動，有的人乾脆叫罵起來，人們用各種聲音和動作發洩著他們的不滿。老人仍然一小錘一小錘不停地工作著，他好像根本沒有聽見人們在喊叫什麼。人們開始忿然離去，會場上出現了大塊大塊的空缺。留下來的人們好像也喊累了，會場漸漸地安靜下來。

大概在老人進行到四十分鐘的時候，坐在前面的一個婦女突然尖叫一聲：「球動了！」霎時間會場立即鴉雀無聲，人們聚精會神地看著那個鐵球。那球以很小的擺度動了起來，不仔細看很難察覺。老人仍舊一小錘一小錘地敲著，人們好像都聽到了那小錘敲打吊球的聲響。吊球在老人一錘一錘的敲打中越蕩越高，它拉動著那個鐵架子「哐、哐」作響，它的巨大威力強烈地震撼著在場的每一個人。終於場上爆發出一陣陣熱烈的掌聲，在掌聲中，老人轉過身來，慢慢地把那把小錘揣進兜裏。

老人開口講話了，他只說了一句話：在成功的道路上，你沒有耐心去等待成功的到來，那麼，你只好用一生的耐心去面對失敗。

很多的人以為成功很難，成功要付出太多，成功會很痛苦，就不去想和追求。那是不是不成功就很舒服、很自在、很瀟灑了？當然不是，事實上，不成功才真的更難。有的人不肯付出一時的努力去博取成功去換取一生的幸福，卻甘願用盡一生的耐心去面對失敗的痛苦。生活在貧困線上的人面對的是吃飯、受凍、生存這樣的大事，這是涉及到生死存亡的大事，他們的心裏壓力會小麼？他們甚至可以用健康、犯罪、甚至是生命去拼，只是為了換取生活中最基本的需要。他們付出的代價是巨大的，他們又何以輕鬆呢？

那些追逐成功的人，是為了獲得更好的生活，更高的地位，更大的成就，就因為他們有夢想和肯於奮鬥，他們不用去為生存本身發愁，他們時刻想著如何讓今後變得更好。現在你還能說成功太累，成功太難這可笑的話麼？你是選擇創造、追求成功的生活呢？還是安於現狀、不思進取、得過且過，當然，你有權力選擇你要的生活。

你可以不思成功，但你的生活並不會因此而輕鬆。你追逐成功，你會因此而生活得更好。

心得欄 --

30

展現出經濟規模的降低成本

經濟學研究資源的合理配置與利用，只有配置合理，才能充分發揮資源的效用。當今成功企業的戰略，其根本已經不再是公司本身，甚至不再是整個行業，而是企業整個價值創造系統，即對所屬行業以及相關行業資源的有效整合。

資源整合是企業戰略調整的手段，整合就是要實現資源的優化配置，使資源得到最大化的利用，並獲得整體利益的最優。對於初創企業而言，資源整合要根據企業的發展戰略和市場需求，透過一系列的組織協調，把企業內外部關係有機地統一起來，實現對相關資源的重新配置，並尋求資源配置和客戶需求的最佳結合點，從而凸顯企業的核心競爭力，取得 1＋1＞2 的效果。

微波爐產量世界第一位的格蘭仕集團，以其有效整合資源，挖掘環節利潤的產業鏈循環方式為自己創造和贏得了生存和發展的空間。

被譽為「價格屠夫」的格蘭仕是全球市場整合和資源整合的榜樣。該公司並沒有擁有全球微波爐核心技術、也沒能掌控全球銷售網路，還遭遇過反傾銷襲擊，但從 1995 年拿下中國市場產銷量桂冠以來，格蘭仕微波爐產銷量已經「十連冠」，中國市場佔有率最高達 70%，全球市場佔有率達 50%，把一家中國的格蘭仕培養成了世界的格蘭仕。格蘭仕成長為全球微波爐老大之路其實就是一條整合全球市場和全球資源之路。格蘭仕透過對微波爐上、下游和自身的有效整合，將其內部系統高效率運作，保證其始終位居技術、研發設計的領先地位，並同時具備為全世界消費者提供最價廉物美產品的能力；透過對微波爐世界同行資源的整合，格蘭仕依靠不斷地降價策略為全球微波爐企業做 OEM 賺取微薄的利潤；透過對全球微波爐銷售管道資源的整合，格蘭仕將採購供應系統高效協調，形成一個統一體，始終將生產成本控制在最低。

由於格蘭仕不斷地擴大規模、提升技術能力、加強全球資源協作，格蘭仕的產品、技術、服務、利潤空間得以維持在一個相對穩定和持續增長的狀態，再加上全球資源的有效支持，因此取得了共贏的發展，成為中國規模企業領先全球市場、善用全球資源的楷模。格蘭仕的成功，驗證了「中國的格蘭仕就是世界的格蘭仕」的道理，也說明了與世界共舞的企業必然能贏得世界的認可。

資源整合的目的是為了透過組織制度安排和管理運作協調等來增強企業的競爭優勢，實現企業資源的最大化利用，從而提高客戶服務水準，企業獲得盈利。

1. 優化企業內部產業價值鏈

企業為了提高整個產業鏈的運作效率，也為了用較低的成本快速佔有市場，同時滿足客戶日益個性化的需求，不斷優化內部產業價值鏈，將關注點集中在產業鏈的一個或幾個環節，還以多種方式加強與產業鏈中其他環節的專業性企業進行高度協同和緊密合作，從而獲得專業化優勢和核心競爭力，擊敗原有佔絕對優勢的寡頭企業。

2. 把握產業價值鏈的關鍵環節

初創企業在發展過程中，必須明確自己的核心競爭力，緊緊抓住和發展產業價值鏈的高利潤區，並將企業資源集中於此環節，構建集中的競爭優勢，借助關鍵環節的競爭優勢，獲得對其他環節協同的主動性和資源整合的杠杆效益，使企業成為產業鏈的主導。如西洋集團，它就是透過控制整個產業鏈的所有關鍵環節，挖掘每個環節利潤，並將其做到各自環節的專業化最強，給競爭對手設置了難以跨越的進入壁壘，同時也將整個終端產品的成本降到最低點，從而形成壓倒性的競爭優勢，演繹了一條產業鏈循環盈利模式的成功之路。

3. 深化產業價值鏈上下游的協同關係

企業透過合作、投資、協同等戰略手段，在開發、生產和行銷等環節與產業價值鏈上下游企業進行密切協作，加強與這些企業的合作關係，使企業自身的產品和服務進一步融入到客戶企業的價值鏈運行當中，從而提高企業的運作效率，進而幫助其增加產品的有效差異性，提高產業鏈的整體競爭能力，便於以整體化優勢快速回應市場。如洛克菲勒從石油產業的下游向上游拓展產業鏈，實現資源的最大化利用。

4. 強化產業價值鏈的薄弱環節

管理學中有個木桶原理：一個木桶由許多塊木板組成，如果組成木桶的這些木板長短不一，那麼這個木桶的最大容量不是取決於最長的木板，而是取決於最短的那塊板。企業在關注核心領域的同時，也要強化產業價值鏈中的薄弱環節。

企業可透過建立戰略合作夥伴關係或者由產業鏈主導環節的領袖企業對產業鏈進行系統整合等方式，主動幫助和改善制約自身價值鏈效率的上下游企業的運作效率，實現整個產業鏈的運作效率的提高，使公司的競爭優勢建立在產業鏈整體效能釋放的基礎上，並同時獲得相對於其他鏈條上的競爭對手的優勢。如青島啤酒對全國 48 家低效益啤酒廠的收購整合、蒙牛對上游奶站的收購等，都屬於強化產業價值鏈薄弱環節的範疇。

5.構建管理型產業價值鏈

企業在資源整合的時候，為了使自己始終保持競爭優勢，不能僅僅滿足於已取得的行業內的競爭優勢和領先地位，還需要透過對以上幾種產業鏈競爭模式的動態運用，去應對整個產業價值鏈上價值重心的不斷轉移和變化。同時還要主動承擔起管理整個產業鏈的責任，密切關注所在行業的發展和演進，這樣才能使產業鏈結構合理、協同效率高，引領整個行業去應對其他相關行業的競爭衝擊或發展要求，以保持整個行業的競爭力，謀求產業鏈的利益最大化。

31
融資併購，不斷擴大影響力

資金是企業發展的血液。企業生存需要資金，企業發展需/要資金，企業快速成長更是需要資金。資金已經成為所有企業發展中繞不過的障礙和很難突破的瓶頸。誰能解決資金問題，誰就贏得了企業發展的先機，也就掌握了市場的主動權。因此融資模式的打造對企業有著特殊的意義，尤其是對初創企業來說更是如此。分眾傳媒就是憑藉其成功有效的融資模式，實現了一統電梯媒體的江湖地位。

第一個案例是分眾傳媒公司，在中國領導群雄的數字媒體公司——分眾傳媒，是中國圍繞都市主流消費人群的生活軌跡打造的無時不在、無處不在的數字化媒體平台，是最大的數字化媒體集團。

2003 年 5 月，分眾傳媒公司成功獲得日本軟銀等公司的首輪私募股權投資 4000 萬美元。

江南春在電梯門口開發看板很簡單，但困難的是如何找到廣告客戶。江南春的模式創新源於他敏銳的目光與思維，他說：「現在我們身邊到處是電視、平面紙質媒體、戶外廣告、Internet 等這些在大眾化生產消費時代出現的、面向廣泛受眾的傳播工具。而市場正在從大眾消費轉向分眾行銷轉型，產品和市場被不斷細分與定義，越來越多的企業要求對特定的人群傳達自己的產品信息、品牌信息，卻發現廣告必須透過大眾傳媒來完成，無法有效區分鎖定的目標受眾，而且造成大量的廣告預算流失在非目標人群中。」同時他發現了一個現象：城市寫字樓的精英們乘坐電梯時要經過幾分鐘的無聊時間。根據測算，等候和乘坐電梯的時間加起來是平均每次 3 分 01 秒，這段無聊的時間正好可以收看平時不願意看的廣告！因此他憑藉 2500 萬元開始了新模式的創業。另外在創辦分眾傳媒之前，江南春曾創辦並運營一家叫永怡傳播的廣告公司，那時這家廣告公司的營業額突破 1.5 個億，永怡傳播也被權威媒體評為「中國十大廣告公司」。正是因為有了這樣一個客戶基礎，所以在創辦分眾傳媒之初，他才能迅速找到廣告投放客戶。

2004 年 3 月，UCI 維眾投資、鼎暉國際投資和 TDF 基金聯手美國知名投資機構 DFJ、WI-HARPER 中經合以及麥頓國際投資等聯手注資分眾傳媒數千萬美金，分眾成功獲得了第二輪私募股權融資。

2004 年 11 月，分眾傳媒控股有限公司與 UCI 維眾投資、美國高盛公司和英國 3i 公司召開新聞發佈會，宣佈 UCI、高盛及 3i 共同投資 3000 萬美金入股分眾傳媒，實現了第三輪股權融資。

2005 年 7 月，分眾傳媒成功登陸美國 NASDAQ(股票代碼 FMCN)，成為海外上市的中國純廣告傳媒第一股，並以 1.72 億美元的募資額創造了當時的 IPO 紀錄。

2006 年 1 月，分眾傳媒以 3.25 億美元的價格合併中國第二大樓宇視頻媒體運營商一聚眾傳媒公司，從而以 75 個城市的覆蓋度、約 98%的市場佔有率進一步鞏固了在該領域的領導地位。

自合併之日至 2006 年 3 月底，公司在分眾、聚眾兩個品牌原有的樓宇聯播平台基礎上，將該網路劃分為更加精細分眾化的幾個頻道，包括中國商務樓宇聯播網、中國領袖人士聯播網、中國商旅人士聯播網、中國時尚人士聯播網等。

在不到兩年的時間裏，分眾傳媒成功運作了 3 次私募股權融資，並引進了幾家國際頂級的機構投資人，無疑是近年來中國本土公司私募股權融資的一個不可多得的經典案例。有效的融資對於企業的成長發展起著非常重要的作用，分眾傳媒的成功也與有效地融資有著密切的關係。

估值的高低，對企業融資都會產生重大影響，甚至直接影響到能否融資成功。因此公司在融資前，要給融資公司一個準確的定位，合理的評估企業所要融資的資本，因此如何評估估值，是企業管理者面臨的重要問題。

公司在評估自己的融資值時，要明確評估資本以那家公司作為參照物、以那些財務資料作為參數？公司投資前估值與公司的融資額以及增發新股的比例是多少等？這些都關聯到融資是否有效。

雖然分眾廣告媒體業是一個融戶外媒體、數字娛樂、IT 技術等於一體的新型廣告媒體產業，在國外也無成型的商業模式可供參考，但是分眾傳媒的創始人及其團隊，憑藉其經營廣告代理近 10 年的行業經驗，率先獨闢蹊徑地開創出一條適合中國國情、符合自身發展的商業模式和盈利模式。

在錯綜複雜的投融資商業談判中，分眾傳媒公司的年輕團隊，表現出果敢、幹練和沉著的品質。他們熱情洋溢的陳述，讓潛在投資人感受到創業的激情。優秀的團隊及其領導人，始終是融資成功的第一要素。

在融資過程中，投資雙方或多方都會提出不同的問題，尤其是在公司估值、投資比例、投資人優先保護條款、公司治理和管理權歸屬等重大問題上，積極的斡旋、協調談判雙方或多方，控制談判節奏，成為談判對手之間的一道緩衝，使艱難而緊張的談判進行得更為順暢，大大提高了談判的成功率。

分眾傳媒的領導入在與投資方會談中，能把握大局，因勢利導，並能充分發揮「財務顧問」的作用，把投資方的積極性恰到好處地引發出來。另外國際投資基金的全力配合，及各基金之間微妙的互動壓力，使分眾傳媒第二輪私募融資得以在不到 4 個月的短時間內就順利完成，並出現機構投資人超額認購的局面。這在近年來的中國私募股權融資和風險投資領域，都是極為罕見的。

依靠這方面的因素，分眾傳媒成功地融入資本，為其企業的發展插上翅膀。對於一些成功企業來說，融資所發揮的作用無疑是非常重要的。當然，也有一部份企業就是由於沒有建立有效的融資模式而導致資金鏈斷裂，結果失敗了。如「巨人」集團，僅僅因為近千萬的資金缺口而轟然倒下；曾經與國美不相上下的國通電器，擁有過 30 多億元的銷售額，也僅僅因為幾百萬元的資金缺口而銷聲匿跡。所以說，創業者在設計企業的商業模式的時候，一定要考慮企業的融資模式，甚至可以說，能夠融到資並能用對地方的商業模式就已經是成功一半的商業模式了。

任何形式的創業都是要成本的，就算是最少的啟動資金，也要包含一些最基本的開支，如產品定金、店面租金等，更別說大一些的商業項目了。因此，對創業者來說，能否快速、高效地籌集到資金，是創業成功至關重要的因素。融資的方式有很多，如銀行貸款、尋找風險投資商、民間資本、創業融資、融資租賃等，創業者需要認真考慮各種可選擇的融資源，以便於有效融資。

第二個例子是屈臣氏公司，100 多年前，屈臣氏在華南地區的廣東省成立。發展到今天，屈臣氏業務遍佈 34 個地區，共經營超過 8400 多間零售商店。屈臣氏神奇的發展過程與它的商業模式緊密相連。

屈臣氏增長擴展的商業模式體現在其特殊的連鎖經營模式上。

連鎖經營模式的魔杖是屈臣氏企業成功魔方的第一成功密碼。屈臣氏的連鎖經營在保證經營的品質與效率的前提下，能有效地利用社會資源參與屈臣氏的門店建設及產品結構的生產與採購。連鎖零售企業在原經營領域內培養的信譽及帶給消費者一致的服務和形象，還可以降低消費者對自有品牌的認知成本，提高消費者的忠誠度。

收購兼併是屈臣氏增長擴展模式的第二成功密碼。2000 年，屈臣氏收購了英國 Savers 連鎖店。2002 年，收購荷蘭 Kruidvat 集團後。

2003 年收購菲律賓某知名藥品零售企業。2004 年成功收購拉脫維亞著名 Rota 公司旗下大型零售連鎖企業——DROGAS 公司。

2005 年還收購了英國 Merchant Retail 香水連鎖店馬來西亞

Apex Pharmacy Sdn Bhd 藥店，同年，屈臣氏耗鉅資收購了法國最大香水零售商 Marionnaud 的控股權。透過收購的方式大規模地擴展在亞歐重點發展區域的規模。

增長擴展的商業模式還建立在精準的目標消費群定位及成功的品牌經營結構上。屈臣氏的目標顧客群定位在有消費力又能接受新生事物的中產階級，即月收入在 2500 元以上，年齡在 18～40 歲的人群。另外，屈臣氏還擁有一隻強大的健康顧問隊伍，包括全職藥劑師和「健康活力大使」，為顧客免費提供保持健康生活的諮詢和建議。

屈臣氏的增長擴展得益於很多方面因素的共同作用。當各方面的影響因素協調配置時，公司的發展也進入一個快速增長擴展的階段。

◎ 不願花錢的人絕對不能賺錢

一天，無所事事的卡恩在商場門口閒逛。他看到一個衣冠楚楚、氣宇軒昂、嘴裏叼著雪茄的紳士向他的這個方向走來。卡恩恭敬地迎上去，禮貌地問紳士：「您在抽雪茄？您抽的雪茄的味道聞起來真不錯，應該很責吧？」

「兩美元一隻。」

「好傢伙，太貴了……您一天抽幾隻呢？」

「嗯，10 隻左右吧。」

「天那！太奢侈了，您每天光抽雪茄就要花 20 美元！您抽煙多久了？」

「很久了，差不多有 40 年了。」

「什麼？您有沒有算過，如果您能省下抽雪茄的錢，便可以買下這幢百貨商場了。」

紳士笑了笑，客氣地問道：「您抽煙嗎？」

「我才不抽呢。」

「那麼，您可以買下這幢百貨商場嗎？」

「不，不，我是買不起的。」

「告訴您，我就是這一幢百貨商場的老闆。」

這個故事諷刺了那些固執地堅持省錢理念、不願意花錢的人，這樣的人在我們的身邊普遍存在著。很多人認為，財富只有抓到自己的手中不放出去，才能夠不斷地增加財富，最終成為富翁，可是事實上卻常常事與願違。

・財富是如何聚集起來的呢？

・花錢是不是就一定意味著財富的喪失？

故事中的紳士每天抽昂貴的雪茄，卻擁有著一幢百貨商場，而懂得節省的卡恩卻依舊是一個窮人。這個反差已經足以回答上面的問題了。

32

有持續盈利的模式才能長久

麥當勞餐廳是全球大型的連鎖速食集團，在世界上大約擁有 3 萬間分店，主要售賣漢堡包、薯條、炸雞、汽水。在麥當勞，你看不到它有很多產品，也看不到很多促銷活動，但是它打敗了全世界的競爭者，依靠的是強大的品牌盈利模式！

當戴爾還在大學讀書的時候，IBM 已經是藍色巨人了，但是現在戴爾電腦連續 11 年領跑全世界，它既沒有突出的硬體技術，也沒有龐大的研發能力，憑什麼不斷發展而且持續盈利？依靠的就是獨特的全價值管理盈利模式！

也許你認為指甲鉗太「小氣」了吧，指甲鉗是很小，但你想過沒有，只要有全世界 1/5 的人使用你生產的指甲鉗，你的利潤會有多大？

如果這樣的利潤空間還不算大的話，你不妨再想想，普通檔次的指甲鉗利潤空間的確有限，但是如果是高檔產品呢？如果是專業化生產的全套指甲修護工具呢？梁伯強就是緊緊抓住指甲鉗這個主業不放，在指甲鉗上做精做強，借助「非常小氣」的指甲鉗，使得「聖雅倫」成了中國第一、世界第三的指甲鉗品牌，梁伯強也成為億萬富翁。

一個企業如何實現可持續盈利？這是伴隨著企業經濟活動的一個永恆主題。創業者想要在擠滿競爭者的荊棘叢中找到一條通幽的快捷方式，就必須考慮如何維繫長期生存與盈利能力的問題。

企業經營者都非常重視盈利。「做大還是做強」、「得終端者得天下」、「讓執行沒有任何藉口」、「擁有一個知名品牌才是核心競爭力」這是很多企業經營者的關心點和掛在嘴巴上的口號；但是在現實的市場上，到處充盈著價格戰、促銷戰、人海戰、廣告戰、模仿戰，等等，而企業的經營結局往往是銷量增加利潤下降、新產品盈利週期越來越短、人員增加費用加大、現金流越繃越緊、虧損面不斷加大，不能持續保持盈利的商業模式不可能持久。企業如果不重視持續盈利，衰敗甚至死亡只是時間問題！

在商業環境不斷變化的今天，如何才能持續盈利？市場和實踐證明，商業模式能否持續盈利必須在客戶價值和企業價值中獲得平衡並且經得起財務模型的考驗。

一個可持續盈利的商業模式應該同時包括客戶價值和企業價值兩個核心內容。其中，客戶價值是企業為客戶所提供的價值，為客戶提供價值是企業存在的基礎。一個企業只有為客戶創造並提供了價值，企業的生存才有保證，因為企業價值是企業在為客戶提供價值的過程中所帶來的自身價值。

當然，企業的產業環境、顧客、人才、產品、技術、資源與能力、戰略，甚至核心競爭力、領導力、執行力等任何一個因素都影響到企業的持續盈利，但是企業持續盈利的關鍵是透過為特定顧客創造價值以實現企業價值的一種邏輯方式。因此企業一定要兼顧好客戶價值和企業價值。

持續的盈利模式還需要企業的管理，這樣才能保持盈利的長久性。一個以追求銷量和市場佔有率的企業，不可能產生全員關心盈利的企業文化，也不可能在日常工作中產生以利潤最大化為核心的組織和管理。一個企業僅僅有好的盈利模式還不夠，還必須配套基於盈利模式的管理文化與手段。

做到管理盈利模式至少要在兩個方面實施創新：組織創新和管理創新。組織創新包括：設立盈利總監、盈利經理和盈利專員等職位。管理創新包括：增加利潤分析信息系統、盈利知識學習、經常性業務盈利狀況分析、個人績效盈利遞增考核系統設計等。總而言之，建立全員盈利文化，創造盈利能力管理手段。

另外，管理盈利模式的關鍵能力來源於企業對商業活動的獨特組織和安排，它可以體現在創新方面如技術研發和技術創新，也可以體現在經營方式方面如行銷、管道管理、供應鏈管理等。技術的改變通常會給關鍵能力帶來提升並導致全新商業模式的產生。例如戴爾電腦的直銷模式就是透過信息化手段的支持構建了全球供應鏈管理能力才實現的。其中，供應商庫存管理、全球供需平衡、需求管理 3 個關鍵模塊都是透過流程優化和系統支援，構成了全球供應鏈管理的脊樑。這樣的供應鏈能力使得戴爾在全球個人電腦這一競爭領域內一直處於領先地位。

每個企業都是一個複雜的個體，其所處的商業環境不同、客戶定位不同、產品與服務的選擇不同、擁有的資源不同、對資源的安排也不同。所以，如何實現可持續盈利的問題變得不簡單。持續經營靠模式將喚醒經營者們對企業的命門——商業模式的重視、認知和思考，幫助更多經營者掌握識別、規劃、評價、創新企業商業模式的知識和技能，以便為企業塑造成功的商業模式，將有助於創業者思考並解開企業持續盈利的奧秘。

江南春創立的分眾模式很簡單。分眾傳媒透過在電梯門口安裝幾個顯示器，就可以計算流覽量，當安裝的顯示器足夠多的時候，廣告平台的價值就凸顯出來了，然後就可以尋找企業的廣告贊助，實現盈利。這就是分眾傳媒的基本商業模式。

牛根生創立的蒙牛模式很簡單。蒙牛乳業就是依靠農戶為它養奶牛，然後透過奶站把奶源收上來，再經過工業加工，依靠一些促銷手段和廣告轟炸，把產品賣光。這就是蒙牛的基本商業模式。

土豆網作為一個免費播出的媒體平台，其盈利模式也很簡單，就是基於廣告。當收看土豆網的觀眾越來越多，他們的群眾基礎越扎實，吸引到的廣告投入就越多，他們盈利也就越多。

團悅網的商業模式也很簡單：每天僅團購 1 件商品或服務，尋找最大折扣的團購品，提成高達 30%～50%。網站在保證交易雙方獲益的同時，也可以使自己獲得不菲的收入。

成功企業的商業模式都很簡單，但那是對已經成功的企業者而言，對於剛創業的人而言可能並不簡單。

33

商業模式必須有盈利

對於蒙牛企業依然是這樣。如果沒有牛根生在原來中國最大乳製品企業伊利服務那麼多年，他不可能對乳製品行業有那麼深的認識和瞭解，更不可能在「身無分文」的情況下，依靠個人信譽在乳製品行業玩起空手道。蒙牛創辦初期，連生產工廠都沒有，而是採取「虛擬經營」的方式，用「人才」換來「資源」。

隨著創業成為一種趨勢，創業的形式也在不斷發生著變化，創業形式層出不窮：網路創業、技術創業、加盟創業、代理創業，等等。但無論外在的表現形式是什麼，創業的類型大體可分為兩種：銷售型創業和技術型創業。認真分析自己的創業方式都需要那些資源匹配，對比自身所擁有的優勢，也許你會清楚那種方式更適合你去創業。事實上，並不是那種模式更適合創業，而是你所掌握的資源更適合那種創業形式，這種匹配才是創業成功的根本！成功創業的關鍵就是找到自己的核心競爭力。

核心競爭力包括兩方面的含義，第一就是你能夠做，別人不能做。第二就是你這個核心競爭力要變成你策略的門檻．也就是說你的策略會產生不一樣的、獨特性的價值給你的客戶，這樣才是真正的核心技術。你的熱情是什麼？可以廢寢忘食地去設計一個網站，或者有一種天生的能力寫一篇很好的文章，或者可以做一件交易，或者可以很容易說服別人，等等，這些就是很重要的，別人沒有的。所以天生我材必有用，這些都會變成一個非常重要的核心競爭力，是每個人創業的基礎，也是創造財富的基礎。

對企業而言，若要生存就必須具有一定的核心競爭力，競爭力只存在程度的差別，而不存在有無的問題。核心競爭力是企業的治理、技術、產品、管理、文化的綜合優勢在市場上的綜合反映。企業的資源、知識和技術等只要具有一定優勢都可以形成競爭力，如行銷競爭能力、研發競爭能力、經營管理的競爭能力、品牌競爭能力等。這些是依託企業核心業務和核心產品而形成的、具有代表性的競爭能力，是一個企業存續和發展的重要基礎。而核心競爭力則是核心能力的進一步提升和發展。

企業的競爭力是企業在市場競爭中得以存續和發展所應具備的一般性功能，是企業的比較優勢。相對而言，企業核心競爭力必須有資源的獨具性，沒有獨具性就沒有區別於他人的優勢町言。但現在很多企業這一點都比較欠缺，你開發電子產品，我也跟著上，他開發網路，結果網站鋪天蓋地，當一個產業整體勢敗運終時，只能跟著一損俱損。所以，獨具性對一個企業的競爭力有著十分重要的作用。但僅有獨具性也是不夠的，或僅有獨具性並不一定能保證企業的競爭優勢，還要保持這種獨具性的持續優勢。如果獨具性能夠與持續性聯繫在一起，那麼，這種保持持續競爭優勢的獨具性才是核心競爭力的真諦所在。

當企業有了核心的競爭力，其發展到了一定的程度，商業模式也就愈顯得簡單。全世界優秀的商業模式都很簡單，以最小的投入獲取最大的回報。

商業模式越簡單越好，要運用傻瓜邏輯，透過最簡單的行為營造商業模式，也就是說企業的盈利系統要簡單，善於把複雜的事情簡單化，就如同手機短信一樣，運營商搭建好平台，就有許多人來用，運營商只需等著收錢就行了。

管理學大師彼得· 德魯克曾說過：「當今企業之間的競爭，不是產品之間的競爭，而是商業模式之間的競爭」。在快速擴張的大潮中，透過兼併和收購等大規模的增長擴展，企業不斷地將優秀的商業模式複製到新的企業，成為很多企業做大做強歷程中的必經之路。

在知識經濟成為時代主旋律的今天，沿著一個總結出來的快捷方式邁向成功，以一套成功的商業模式「打遍天下」的案例更是屢見不鮮。餐飲業的連鎖經營就是商業模式複製的典型。

根據 CV Source 統計，截至 2009 年 2 月 19 日，餐飲行業共發生投資案例 25 起，涉及投資金額 3.97 億美元。事實上，在中式餐飲企業裏，只有 3%到 5%的卓越企業能夠獲得資本投資。究竟什麼樣的餐飲企業才能獲得投資人的青睞？投資專家表示，在餐飲行業，商業模式很容易被複製，資本只對具有「持續差異化」的餐飲企業情有獨鐘，這些企業一個顯著的特徵是：「把成功的盈利模式不斷地複製，同時又不被你的競爭者所模仿。」

中國餐飲業呈現 3 個業態。第一種是中式正餐，例如全聚德和俏江南；第二種是火鍋，例如小肥羊；第三種是速食，例如真功夫、麗華速食和老娘舅等。但無論是中式正餐、火鍋，還是速食，每一個企業都要經過 3 個階段——當地經營、連鎖經營、產業經營，最後才能進入資本經營，獲得資本的青睞。

要獲得投資，餐飲企業必須是連鎖經營，因為連鎖經營的方式易於將這種優秀的商業模式複製開來，而要運營好連鎖經營體系就必須培育出優秀的團隊。同時，企業市場化運作過程中，要準確定位主流顧客，給主流顧客提供最好的性價比。此外，企業要透過不斷地創新延長產品的生命週期。這些做好後，餐飲企業將形成自己的商業模式，一步步按照既定的設置實現區域連鎖、跨區域連鎖的戰略目標，走上做大、做強、做久的道路。

優秀的商業模式在複製的時候，要注意以下幾個方面：

(1)一定要有生命力好的模式才可能打造無數個與「母版公司」一樣有競爭力的「複製公司」。

戴爾幾近完美的直銷模式被複製到各個國家，就有力證明了這點。同樣，並不是所有的商業模式都能被複製，未成型或缺乏清晰化構成的商業模式即使能夠盈利，也不能被成功複製。成熟的商業模式要與它的產品或服務、市場潛力、盈利能力等結合起來考慮。

對規模經濟和協同效應的行業來說，透過商業模式複製的方式擴張更直接一些，如家爾福、沃爾瑪、國美、蘇寧等公司，以規模和統一管理實現了「統購分銷」，降低了成本。提高了市場佔有率，順利打造出大銷售格局。

(2)必須有一個專業化的管理團隊

商業模式的複製過程，是費時費力的專業化和標準化的推廣過程，也是知識的拷貝過程，涉及知識管理的多個層面，囊括了知識的收集、梳理、共用、轉移等過程，結果體現為系統化、標準化的總體知識再現。專業化的管理團隊是使複雜的商業模式迅速從一個公司複製到另外一個公司的有效載體。

⑶必須「本土化」，要落地生根

一個優秀的商業模式能否在新企業落地生根，取決於該模式能否真正本土化。各地生活習慣和消費能力差異較大，企業文化和員工觀念也大相徑庭。以麥當勞為例，麥當勞公司向顧客提供的核心食品始終只是漢堡包、炸薯條、冰激淩和軟飲料等，然後根據不同國家的消費者在飲食習慣、飲食文化等方面存在著的差別稍作變化。小如其培訓手冊中所說：「從一個地方到另一個地方只略微地變動標準菜單。」例如，印度人不吃牛肉漢堡，麥當勞就推出羊肉漢堡；在中國，麥當勞就考慮到消費者的飲食習慣、消費水準等因素，推出了麥樂雞、麥樂魚、麥辣雞腿漢堡、麥香豬柳蛋餐等符合中國消費者飲食習慣的速食食品。為了降低成本，麥當勞公司還實行了原料生產、採購上的本土化。

一般而言，將商業模式複製到新組建的企業容易些，複製到一些被兼併收購的企業就難些，複製到一些原來具有強勢文化的企業更難，所以，時時培養企業員工接受複製的心態很重要。在實際操作中，可加大對本地員工的培訓密度和力度，重用本土化管理人員，尊重原企業合理或成功的歷史形成，在此基礎上再推行新的模式，實現專業化和本土化的有機結合。

⑷在複製時，必須搭配優秀的職業經理人

經理人是企業中最昂貴的資源，而且也是折舊最快，最需要經常補充的一種資源。一個合格的職業經理人，是實現「諾曼地登陸」的司令員，不但需要豐富的管理經驗，熟悉將要被複製的商業模式，更要能夠洞察並把握和商業模式相配套的核心價值觀。在複製的初期，優秀的職業經理人往往會接管被改造的企業，操刀新企業推行商業模式的整個過程。

從表層看，商業模式中流淌的是業務流、信息流、現金流和物流，實際上流動的是一個企業的核心價值觀和理念；從表面上看，制度是硬性的規章規定，實際上體現的是企業作為一個「活性整體」的思考和行為方式。因此，制度和流程的適時調整，都要在優秀的職業經理人的核心價值觀指導下進行。

當然優秀的商業模式可以概括為：你做的事，容易複製給你的人，換成傻瓜也能繼續做。但別人看得懂，不一定學得來，想模仿卻難以做到，這才是有核心競爭力的商業模式。

企業家對商業模式的理解，也會有兩種途徑：

一是先知後行。謀定而後動，起步之初就已經有深思熟慮的長遠謀劃，有明確價值導向和戰略目標，定位清晰，要做的是在實踐中校正偏差，修正目標。

二是先行後知。先憑本能和直覺幹起來，衝殺多年後漸漸沉澱下自己的商業經驗和智慧，在摸清行業內在規律的基礎上，形成了自己清晰明確的邏輯思路。

無論是先有雞，還是先有蛋，最終的結果應該是殊途同歸，知

行合一。有句話很有意思，戰略管理保你長遠發展，而商業模式保你生存無憂。研究身邊這些企業的商業模式，至少讓我們知道怎麼才能活著，而商業模式也是通向未來的通行證。資本是透過商業模式的想像空間，來為企業的未來投票，誰擁有了現在，誰才是真正擁有了未來。

一個善於創新的企業，一定擁有自己原創的內容，那怕只是一個小小的閃光點也都是可以放大的，這是創業最寶貴的基礎。而創業者在模仿商業模式的時候，一定要考慮以下 3 個方面：

(1)這種商業模式能否實現客戶價值最大化

一個商業模式能否持續盈利，是與該模式能否為客戶提供價值有必然聯繫的。一個不能提供客戶價值的商業模式，即使能盈利也是暫時的，不會具有持續性。而一個能為客戶提供價值的商業模式，即便暫時不盈利，但終究會走向盈利。基於此，成功的商業模式，都是將為客戶提供最大價值作為設計的基本原則。

(2)這個商業模式是否能夠持續盈利

企業能否盈利是判斷商業模式外在最為明顯的標準。一個無法實現盈利的商業模式，絕對是不成功的。當然，大多數情況下，商業模式開始之初並不能實現盈利，但創業者必須要找到說服自己能夠盈利的理由。

(3)結合自己的實際情況建立的商業模式，是否具有自我保護功能

在競爭激烈的商場，越是不容易複製的商業模式才越能夠實現持續盈利。因此，成功的商業模式一定具有自我保護功能。例如在

商業模式設計中，在分銷管道設計時，採取簽訂排他性分銷協定，其他諸如品牌、核心技術等都是自我保護的一種體現。

當然，在企業發展過程中，能夠保證企業商業模式不易被模仿的有力武器之一就是技術門檻。好的商業模式需要企業有能力配置各類資源，必須透過一定的技術保證其實現，如果不掌握相關的核心技術就無法保證商業模式不被其他企業模仿。空中網、百度都是因為掌握了相關的核心技術才有能力在激烈的市場競爭中取得商業模式創新的成功。

創業者最容易犯的錯誤，就是在商業做法上盲目模仿大公司。一個被描述得再漂亮再完美的模式，被很多流行辭彙堆砌起來的理念，如果只是從美國簡單拷貝過來，在中國運營的時候會遇到很多本地化挑戰，而這個模式又不是創業者的原創，創業者缺乏深入的瞭解，怎麼可能把它運作成功呢？

對商業模式的抄襲表面上來看最省勁，但簡單抄襲肯定不行，真正學到精髓的才可能生存。

34
根本改變盈利模式

徹底改變自己的盈利模式，在變革中重生，在發展中創新，這種情況在 IT 業尤其多見。跨國公司 IBM、HP 如此；中國公司如聯想、神州數碼也不例外。它們從賣 PC、造 PC，到系統集成、電子商務，不斷改變著盈利的模式。

藍色巨人國際商用機器公司——IBM 公司在業界可謂盡領無限風光。這個龐大的技術公司在網路時代，一點兒也不笨重，戰略非常靈活，人們一直認為整個新經濟時代是 IBM 公司近百年歷史中戰略最為靈活的幾年。這家公司在整個網路經濟時代，大刀闊斧地調整戰略，變革盈利模式，包括出售資產、收購軟體公司，重組全部資源等等。根本改變盈利模式，不光改變了公司原來的工業戰略，還使公司業務轉向了服務戰略，使分散各處的業務，被統一整合為獨立城長的四塊業務：軟體集團、硬體集團、服務集團、技術集團。在戰略轉變之前，IBM 公司的軟體業務只是為了輔助硬體，服務業務只是為了促進硬體銷售，技術業務也是從屬於軟體和硬體的研究開發。

事實上，之前的 IBM 公司還是一個典型的技術領域的「工業公司」。IBM 公司的成功變革盈利模式，第一次讓全世界知道了電子商務，第一次完整地告訴工商界什麼是「服務經濟」。

最初讓其在中關村真正站穩腳跟、步步壯大的並非當時「中臥的中文卡」，而是其後做國外電腦的代理分銷與 PC 機的拼裝業務。直到 2004 年 12 月，聯想以價值 12.5 億美元的現金和股票收購 PC 鼻祖 IBM 的全球個人電腦業務，聯想才坐到中國電腦市場第一的地位。

聯想 1984 年起步，雖然同時起步辦公司的還有許多出名的企業家，但到 2005 年仍在位上的就不多了。這些人當中有相當一批是對再造盈利模式這個問題沒把握好。聯想則透過貿工技戰略的實施，依靠強大的網路分銷能力和成本控制能力，使 PC 產品突出重圍，在眾多 PC 廠商中一枝獨秀，穩居中國 PC 第一。

所以，要想把事情做好，就要注意審時度勢，要隨時準備「拐大彎」。「拐大彎」就是不要等事到臨頭的時候再急著拐。世界上沒有兩個完全一樣的企業，不同的文化傳統，不同國家、地區的企業不可能用完全一樣的生成、成長模式。

「體」、「用」的爭論是皮毛之爭，關鍵是能不能解決企業生存、成長的問題。這個解決問題的理論和方法，就是找到和創立最適合的盈利模式。即意味著對整個企業進行改造——從組織、文化、價值和能力諸方面著手，用新的盈利模式創造價值。一些公司的產品逐漸失去了往日的鋒芒，變成了附加值不高的大宗商品。決策者因而企圖向上游或下游延伸，或者從製造業轉向提供服務或解決方案，此時它們所面對的挑戰就是根本再造盈利模式。

◎ 窮漁夫和富漁夫，不同作法決定了錢袋大小

在海邊，生活著兩個靠捕魚為生的漁夫。

他們都一樣早出晚歸地出海打魚，往往收穫不錯。他們都高興得顧不上休息，就去魚市上賣魚。可是，每次賣魚，第二個漁夫總比第一個漁夫多掙很多錢。

第一個漁夫十分不解，就問第二個漁夫：「我們每次打的魚數量和品質都差不多，為什麼你每次都能多賣這麼多錢呢？」

第二個漁夫聽了哈哈大笑，回答說：「魚的品質固然重要，但有好的賣法卻能事半功倍。你每次都想圖個好價錢而遲遲不肯出手，最後魚不新鮮了，只能賤價出售。而我總是在第一時間內把最新鮮的魚賣給一流的餐廳，所以能賣個很好的價錢。如果有時難以賣出的話，我便會儘快以半價把它們賣給二流餐館。我抓住了賣魚的最好時機，所以才能多掙很多錢啊！」

第一個漁夫聽了，終於明白了自己輸在那裏。

兩個漁夫所賣的是同樣的魚，可是第一個漁夫每次賣的錢都比第二個漁夫少。唯一的原因就是兩個漁夫賣魚的方法不同。從表面上看只是賣魚方法的差別，其實卻是兩個漁夫內在不同「錢商」的外部表現。

同樣的貨物，有的人從中得到的金錢少，有的人從中得到的金錢多，是什麼原因造成了這種差異呢？

是不同的「錢商」在作怪。

心得欄 ------------------------------

35

打造企業盈利模式的技巧

企業的基本使命是透過為客戶創造價值而獲取利潤，而一個企業能否盈利的關鍵在於是否建立了良好的盈利模式。它包括利潤源、利潤點、盈利杠杆、競爭屏障、盈利組織、盈利機制、人才和文化等要素。在一個以客戶為導向的市場裏，市場需求的變化直接決定著企業的變革，而企業的盈利模式的再造已經成為企業發展中的必然。

我們應該明白，一個盈利模式如果它本身的門檻足夠高，高到別人沒有辦法和你競爭，這才是一個成功的盈利模式。因此，要判斷一個盈利模式是否成功，實際上就是要看你的模式競爭優勢在什麼地方，你能不能佔據這個行業的領先地位。

所以，總結下來，一個好的盈利模式並不單單是一個創意，還需要經過一定的運作來證實你的盈利模式。透過探索一些成功企業盈利模式的歷程和盈利的成功經驗，我們可以發現打造企業盈利模式的共同規律。

1. 重新認識、界定、鎖定利潤源

在實際經營過程中每個企業一般都會有多個利潤源。什麼是利潤源呢？利潤源就是產生利潤的因素，它們可能是材料、工具，也

可能是方法、技能、理念等等。我們知道各個利潤源所產生的利潤額是不可能相同的。於是建立和強化利潤源、創造條件使利潤源最大化地產生利潤是每一個企業、每一個企業工作的核心目標。因此，我們確有必要弄清楚企業利潤源的特點，甚至應該弄清楚利潤源背後的基礎或核心。

事實上，提高企業利潤的過程是一個系統工程，需要投資人和企業管理人員熟悉影響利潤的每個要素，使用科學的管理方法，從認識和研究利潤源開始，實施好獲取利潤全部過程中的每個環節。

首先，投資人在決定投資企業時，就要關注影響企業利潤的因素，要在具體企業的基礎上，分析行業利潤率、項目利潤率。進入的行業不同，其所產生的利潤會不同，例如說高新技術行業的利潤率就普遍高於傳統製造業。所以投資者在選擇投資方向的時候要慎重對比國際、中國行業的經濟技術因素，做出合理決策。

其次，在今天過度競爭時代一些企業之所以能盈利，在於它們學會了在市場中尋找利潤源，並圍繞該利潤源做足、做透經營與管理的文章——尋找足夠數量的對企業有價值的消費群。企業不再把自己看作是可以為所有消費者提供所有產品和服務的門戶網站，而是在眾多的消費群體中，選擇更有價值的消費群體，為這些消費群體量身定做他們所需要的產品，這是他們盈利的基本前提：「有限客戶，深度服務」。如果消費群的規模不足以支撐企業的規模，就必須開闢新的服務領域，尋找、區隔、鎖定新的消費群體，並削減企業不盈利的服務項目以維持企業生存。然而不幸的是，無論是在傳統產業還是新興產業，我們仍看到有相當數量的企業還在不加分析地為所有客戶提供所有產品，並振振有詞地宣稱：「顧客就是上帝」，企業於是就在滿天播種中見了上帝。

事實上，這樣的企業在試圖滿足所有客戶需求的時候，受資源等因素的限制，往往會造成大量客戶流失，其中包括許多有價值的客戶。有一個比喻很形象——企業就像是一隻桶，這隻桶上有很多漏洞，如品質差、退貨量大、太多存貨、不正確的訂單處理、太長的應收賬款等等。我們把從漏洞中流出來的水比作客戶，為了保住原有的生產規模，必須從桶頂端不斷注入「新客戶」來補充流失的客戶，這是一個昂貴的、沒有盡頭的過程。研究表明，吸引新客戶的成本至少是保持老客戶的 5 倍。

因此，透過利潤源分析，我們把客戶分為深度開發的客戶、重點保住的客戶、一般客戶和淘汰的客戶四個檔次，分別採取不同的措施，保住有價值的客戶，主動淘汰沒有價值的客戶，以確保企業利潤源。基於這樣的認識，我們對銷售人員的業績評價就可根據業務量、客戶貢獻率、客戶忠誠度等幾個指標綜合考慮，這不僅提高了銷售量，確保並擴大了公司的利潤源，同時也降低了客戶開發費用。

瞭解了對企業利潤源的識別、開發、保護和取捨後，我們再來看看企業核心利潤源問題。

什麼是企業的核心利潤源？簡言之，核心利潤源就是企業知識，且掌握在企業員工手中。這裏的員工概念是廣義的，即從企業的董事長、總經理到普通員工都是員工。

那麼，怎樣才能掌握好核心利潤源？其實掌握好核心利潤源，也就是在追求企業利潤。對所有的員工來說，就是做好對企業爭取利潤最有利的每一項工作。做好工作的概念就是要把企業的事首先辦「對」、然後要辦「好」、還要辦「快」。

首先，解決企業工作方向和目標的問題，也就是企業的事要辦「對」的問題，這是首要問題。如果在這個問題上都有錯誤，那麼企業工作做得再多都是白做。我們知道，企業要辦「對」事，靠的是決策的正確性，而這依賴於能否給提供充足的決策知識和決策信息。所以說，要把企業的事辦「對」，就要管理好企業的決策支援知識和信息，確保有決策水準，達到正確地決策。

其次，企業還要靠每一個崗位上的員工把事辦「好」。這又要求員工要具備把事辦「好」的工作技能水準，而技能水準依賴於能否向員工提供充分的崗位技能知識，包括前人的工作成果知識、工作方法經驗知識，還有旁人的工作成果和工作經驗知識，以及支援工作的信息和基礎知識等。所以說，要在盈利模式建設過程中，形成一整套有利於員工掌握這些知識的機制。

再次，企業員工工作還要講求效率。當天的工作當天做完，就有利潤；而幾天做完，甚至更長時間才做完，利潤就被成本消耗掉了。因此，還要把事辦「快」，有效率才有效益。效率靠什麼產生？在企業，一是靠遵守規範制度，按照「綠」燈行駛，不要闖「紅」燈，事情就會辦得快一些；二是靠協作溝通，利用別人的智慧、別人的能力、別人的經驗，不要做重覆的工作，才會更有效率。這些規範制度其實就是人們對工作行為的經驗總結，是企業的知識。協作溝通的過程其實也是在交流和應用知識。所以說，加強核心利潤源的認知和管理，就是要支援員工把工作做「快」。

最後，一個員工能把事辦「對」、辦「好」、辦「快」，這只能說明他有能力。但他要是沒有心情、沒有熱情、不想做事，那他再有能力也無濟於事。觀察一下，我們就不難發現，員工有沒有心情，有沒有熱情，關鍵在於：員工有成績時，能否得到大家的欣賞；員工有錯誤時，能否得到理解；員工有困難時，能否得到幫助；員工有疑惑時，能否得到解答；員工有意見時，能否有暢所欲言的場所。這其實是要求有一個大家互相鼓勵、互相理解、互相關心、互相幫助的工作文化氣氛，即要培養這樣的企業文化，這也就是透過把企業文化知識管理起來，實現對企業核心利潤源的塑造。

總結起來，我們要讓員工掌握好企業知識，建立和強化核心利潤源，其實質就是要搭建好企業知識的管理平台，讓員工把企業的事辦「對」、辦「好」、辦「快」，還要有熱情地辦事。這才是我們所剖析的核心利潤源管理理念。

2. 找對企業有足夠貢獻的利潤點

利潤點實際上就是企業可以獲取利潤的產品或服務，好的利潤點一般要滿足這樣三個條件：

⑴要明確客戶的清晰的產品或服務需求。

⑵要為構成利潤源的客戶創造價值。

⑶要為企業創造價值。

利潤點反映的是企業的產出，不同企業的利潤點是存在明顯差異的，例如石化、冶金、紡織等行業原料採購對企業的利潤貢獻是超過生產加工環節的，在採購方面的投入對企業發展的貢獻才最大，其他方面甚至可以透過對外合作加以平衡。

把握利潤點這種思想實際上是傳承於帕累托的 20/80 原則的，在客戶關係管理中，這個原則得到了比較好的運用。20%的產品和 20%的客戶，涵蓋了約 80%的營業額。20%的產品和顧客帶給企業的利潤，通常佔該企業利潤總額的 80%。這個原則也應該是投資決策的一種指導原則。

利潤與投入本來就是孿生兄弟，在企業的利潤獲取方面得到有效投資之後，企業利潤就能上升，進行企業盈利模式變革就能獲得動力和支援。我們相信，在企業完善盈利模式的過程中，挖掘企業利潤點比挖掘管理瓶頸更為重要。

完善盈利模式的一個重要方面是透過產品創新，打造企業利潤點，實現客戶和企業雙贏。利潤點作為客戶的有價需求與企業的有價供給的契合點，是企業賴以生存的基礎。我們來看看信息經濟條件下，網路經濟獲取利潤的發展實例。

網路所提供的產品或服務對企業和個人的實際價值，也就是網路作為娛樂、溝通、交易、信息來源四大功能與傳統方式的比較價值。如果不能充分認識和發掘網路對企業或者個人的價值和功能，不能充分認識和發掘人們對 Internet 的潛在需求和期待，不能充分認識網路企業現有品牌、人才、信息、設備等有形或無形資產的對目標消費群的潛在價值，企業就不可能為客戶創造和提供真正有價值的服務，企業也不會找到利潤點。

Internet 企業除了提供網路廣告、收費郵箱、在線遊戲之外，還可將利潤點延伸到品牌經營（例如金融服務、搜狐在線等）、數據庫經營(提供行業動態信息)、提供更為完善的溝通服務(例如提供語音聊天)、信息服務(信息定制服務)、交易服務、宣傳服務(提供軟性廣告服務)、提高網路廣告的品質和效果(採取「貼信息」廣告)等等，這樣，就找到了極為廣泛的盈利點，也最大限度地提升了企業的價值。

3. 構建強有力的利潤杠杆

「利潤杠杆」是指企業生產產品或提供服務以及吸引客戶購買和使用企業產品或服務的一系列業務活動，利潤杠杆反映的是企業的一部份投入。

能否建立成功的盈利模式，企業還需要研究其業務界定及其管理模式，以打造強有力的利潤杠杆。客戶是企業的利潤源，產品是企業的利潤點，企業爲滿足客戶需求而生產、銷售、推廣產品的一系列業務內容則構成了企業的利潤杠杆。

利潤杠杆是保證利潤點得以實現的產前或售後的核心技術及業務，這些幕後的技術和業務雖然並不直接產生利潤，但最終將通過客戶購買的產品或服務實現其價值，沒有利潤杠杆，企業就無法提供令客戶滿意的產品或服務。

4. 樹立牢固的利潤屏障

利潤屏障是指企業爲防止競爭者掠奪本企業的利潤而採取的防範措施，它與利潤杠杆同樣表現爲企業投入，但利潤杠杆是撬動「奶酪」爲我所有，而利潤屏障則是保護「奶酪」不爲他人所奪的有力武器。

成功的盈利模式是建立在對行業與競爭狀況的抉擇基礎上

的，因而，根據行業特點和競爭狀況，建立有效的、保護客戶不被競爭者掠奪的利潤屏障就尤爲重要。品牌、客戶關係、專利技術、行業標準、產品創新甚至行業壟斷是市場競爭中經常採用的利潤屏障，一個企業要保持不斷盈利，必須強化客戶關係，突出品牌，開發專有技術，迅速佔領高端市場。

企業要採取有效措施，保護企業利潤源不被競爭者侵食、利潤點不遭淘汰、利潤杠杆不易模仿。而牢固的利潤屏障是建立在產品或服務的不斷創新、與客戶和協作商建立戰略聯盟、清晰準確的品牌定位基礎上的。以 Internet 爲例，幾乎所有盈利的網站，都得益於網路技術上的不斷創新，不斷創造新的網路廣告技術、網上支付技術、資訊定制技術、網路通訊技術、資訊加工技術、網上遊戲技術，同時與電信部門、金融部門、行業資訊部門、其他媒體(如報紙雜誌)以及較大的具有個性化需求的群體建立長期的戰略夥伴關係，最終形成清晰準確的品牌定位，建立起強有力的利潤屏障，保護企業利潤源不被競爭者蠶食。

5. 創造有個性的企業利潤文化

利潤文化是企業盈利模式的價值觀體系，是企業盈利模式的思想基礎，可以保證利潤模式的靈活性和穩定性，是企業長期盈利的思想保證。

企業管理的最高境界是用企業文化去管人，因爲，優秀的企業文化是可以和人性相融合的。企業員工一旦認同了該企業的文化，即使降薪他都不會離開。企業研發一個新產品可以領先 6 個月，創新一個作業流程可以領先 18 個月，而打造一流品牌和文化的企業，才可能長久地保持領先。

看看著名的 3M 公司，公司雖歷經百年滄桑，至今依然散發著生機勃勃的青春氣息。3M 以為員工提供創新的環境而著稱，長期名列世界 500 強。它的產品從口罩到汽車零配件，從記事貼到通信設備，地球上至少有一半的人直接或間接地使用著它的產品，3M 的產品種類目前已經超過 6 萬種。

3M 公司認為，他們的企業文化價值觀有 4 個對象：客戶、僱員、投資者和社會責任。3M 真正做到了為客戶創造價值，為僱員提供足夠的事業願景和發展機會，為投資者帶來豐厚的收益，積極負起納稅和環保等企業公民的責任，這才是一個偉大企業所應該做的，這也體現了 3M 公司企業文化的博大精深。

事實上，企業就像一個人，利潤是血肉，機制是骨骼，品牌是名望，而文化則是靈魂。當一個人擁有了強健的體格去不斷地超越極限，並用自己的思想靈魂建立流芳百世的名望，那麼他就是偉大並且令人尊敬的。

不論是那一家的企業文化，其核心始終是在圍繞企業的利潤行事，企業文化不是為了文化而文化，而是要讓文化為利潤服務，為利潤搖旗吶喊，換句話說，是利潤文化讓企業之樹常青。

雖然越來越多的企業走出了寒冬，已出現盈利，但總體來說目前大多數企業的盈利模式仍不清晰；利潤源仍不明確；利潤源的未來需求走勢仍不明朗；利潤點仍不突出，仍缺乏對消費者或客戶的吸引力；利潤杠杆仍不強大；阻止競爭對手的利潤屏障仍有待加強；利潤文化有待建立……凡此種種，都是企業需要認真反思的。

因此，如何讓企業長盛不衰，特別是邁入國際化進程的企業，在經濟全球化的大背景下，勇於挑戰強手，使自己立於不敗之地，充分發掘有效的盈利途徑和技巧，打造成功的盈利模式，已經刻不容緩，更是大勢所趨。

心得欄

36

盈利模式是企業超常發展的秘密武器

盈利模式之於一個企業，相當於基本國策之於一個國家。一個企業在完成技術和產品的創新之後，能否尋找到一套優秀、成熟的盈利模式，往往是這個企業能否走向成功的關鍵所在。

因此，盈利模式是企業生存和發展的決定性因素。在短缺經濟時代和市場經濟初期，企業的生存和發展大多靠銷售利潤來實現，到了充分競爭的經濟全球化時代，企業的生存和發展便要由盈利模式來決定。

實際上，受傳統經營方式的影響，大多數企業在制定公司戰略時往往過多地關注企業的目標制定、行業的選擇、組織的結構、管理的程序等，卻忽略了公司的價值創造過程。很多人認為，只要找到一個好行業，就能夠高枕無憂，就可以在這個行業中獲得高額利潤。然而，人們注意到在大家公認的「好行業」中也有存活不下去的企業，同時，在人們不看好的行業中又有一些企業取得了驕人的業績。當今成功企業的戰略，其根本已經不再是公司本身，甚至不再是整個行業，而是企業的整個價值創造系統，也即企業的盈利模式。

那麼，究竟什麼是盈利模式呢？盈利模式就是企業在市場競爭中逐步形成的企業特有的賴以盈利的商務結構及其與之對應的業務結構。通俗地講，就是企業賺錢的方法，而且是一種有規律的方法。

一、盈利模式決定企業生死

各行各業以盈利為核心的時代已經到來，「為銷量而銷量」、「為品牌而品牌」的時代已經過去。現在與未來的幾年內，盈利模式決定著企業的生死，競爭的勝利只屬於「對現金流和利潤近乎瘋狂的傢伙」！

「向世界 500 強衝刺」、「要做大還要做強」、「實施品牌戰略」、「低成本擴張」、「打造完整行銷體系」、「終端為王」、「執行力提升」、「建立學習型組織」、「深度行銷」、「創新行銷」……這些企業界、管理界和行銷界最熱門的話題，這些各類諮詢公司最熱門的服務產品，有些已經熱了很久，有些正在成為時尚；有些你或許已經實施，有些或許正在實施。不管你的決定如何，作為企業經營管理者你都要認真地問：「這些對利潤有貢獻嗎？」而且還要進一步追問「為什麼有貢獻？是如何貢獻的？」因為在經營實踐中的企業最明白：企業是否盈利而且是否能夠持續盈利才是關鍵，也是最終標準。所有這些都只是過程和手段；在企業實現盈利之前，這些五花八門的說法和概念在企業內看得到的都只是代價和成本。

據統計，目前註冊的企業平均壽命不到 7 年，產品生命週期更短，「好產品不過 3 年」。在所有短命企業衰敗的各種因素中，忽視甚至忽略企業的盈利是最普遍、最根本的原因。「品牌不強」、「產品創新不足」、「管理不善」等等，都只是現象或者導火索，因為「建立強勢品牌」、「如何創新」、「什麼叫管理完善」等之類的課題不是一蹴而就的，而且這些只是企業盈利的工具，不是企業的使命，更不是企業存在的根本意義。從這個角度講，企業的決策和資源配置若沒有緊緊與「如何提高盈利水準」和「如何提高持續盈利能力」結合，甚至本末倒置，企業就可能在發展過程中倒下。這樣的企業不是很少，而是隨處可見，而且越來越多。面對激烈甚至是慘烈的市場和資源的競爭，即使是巨頭企業也絲毫沒有鬆懈的理由。

2005 年上半年，在經歷連續兩年的高速增長後，中國電子工業累計實現利潤總額 336 億元，同比下降 5.5%，而利潤率只有 3% 左右，為 1999 年以來的最低水準。其中消費類電子產品的利潤狀況更加困難，從信息產業部得到的數據顯示，電子百強利潤情況尤為惡劣，絕大部份企業利潤都出現大幅度下降。百強前 10 家企業中有 6 家利潤指標比去年同期下滑，3 家虧損。其中京東方虧損 5.15 億元，利潤同比下降 181%；TCL 集團虧損額達到 10.8 億元，利潤同比下降 266%；華為虧損 2.8 億元，利潤同比下降 171%；上廣電利潤總額只有 1664 萬元，利潤同比下降 97.52%；康佳集團利潤同比下降 44%。

數字是最好的證明，是量化的結果，由此我們必須去思考盈利模式為什麼如此重要？

正如社會學專家所言，現在人均 GDP 已達到 1000 美元，正是各種社會矛盾的凸顯期，各行各業所面臨的壓力不再只限於行業之間的市場爭鬥。能源緊張、基礎原材料價格上漲、匯率變動、消費者持幣觀望、產業製造過剩、供應商與零售商的矛盾等等，這些多年積累下來的經營矛盾已經到了集中爆發的時期，它們都將對企業的經營構成巨大的壓力。經營環境和競爭方式的這些變化，已經遠遠超過行銷等技術所能操作的範疇，更不是傳統思維方式和知識所能夠解決的。

進一步說，現在的問題不再是產品同化、管道同化、促銷同化等簡單的行銷同化問題，致命的是企業盈利模式已經開始同化。這種同化昭示著很多企業的利潤來源從想法到做法都高度相像，這也是為什麼說「行銷問題在行銷層面找不到根本答案、只有透過盈利模式創新才能解決」的理由所在。

所有的一切，逼迫企業改變已經習以為常的思考，必須一切從盈利創新出發，重新設計企業的運營模式，因為依靠「坦克、大炮和神槍手打贏戰爭」的時代過去了，模式設計尤其是企業盈利模式設計變成了企業的生命線，並變得從來沒有像今天這樣的急迫和重要。

在環境和競爭裂變的時代，企業面臨著前所未有的各種考試，擺在眼前的首先是盈利模式選擇的大考，千萬不要走只管低頭拉車的老路，更不能在起跑線上就輸給別人，因為我們的經營寧可「小病不斷，大病不犯」，也不能「小病不斷，大病照犯」，否則很可能出現「風風火火好幾年，就是口袋沒有錢」的局面。

所以說，企業要安身立命、成長壯大，盈利模式的建立是根本。

二、企業盈利模式的構成

市場經濟已經發展到一個新階段，不少企業隨著市場變革的深化而消亡，而更多的企業卻在激烈的市場競爭中不斷地發展壯大。許多企業主和企業家都在思考：什麼才是企業持續發展的動力？

不少企業經過慢慢摸索，終於懂得了一個基本的道理：一個企業之所以能夠成功，除了企業必須擁有人力資源、資金資源、物流資源、操作靈活的組織結構外，還必須具有自己特色的盈利模式，沒有盈利的企業是沒有出路的！於是，企業家們紛紛尋找自己的盈利空間和盈利模式，有些企業已經找到了，但有相當一部份企業對此依然茫然。

其實，盈利模式也並不是什麼神秘的東西，透過對盈利模式的系統研究，我們發現，盈利模式是企業在市場競爭中逐步形成的企業特有的賴以盈利的商務結構及其對應的業務結構。

構成企業盈利模式的商務結構主要指企業外部所選擇的交易對象、交易內容、交易規模、交易方式、交易管道、交易環境、交易對手等商務內容及其時空結構；構成企業盈利模式的業務結構主要指滿足商務結構需要的企業內部從事的包括科研、採購、生產、儲運、行銷等業務內容及其時空結構。商務結構反映的是企業內部資源整合的對象及其目的，業務結構反映的是企業內部資源配置的情況。商務結構直接反映企業資源配置的效益，業務結構直接反映企業資源配置的效率。

任何企業都有自己的商務結構及其相應的業務結構，但並不是所有企業都能盈利，因而並不是所有企業都有盈利模式。

其實，盈利模式的最大價值在於：有時候它既不需要競爭戰略，也不需要特殊的個人能力，甚至不需要任何實際的用戶，就可以造就成千上萬的商業財富。這的確和我們傳統的製造企業管理、競爭理論和營運模式完全不同。在某種盈利模式下，公司甚至用某一種商業操作工具就能夠完成交易，例如期貨市場、股票市場和外匯市場等。

從企業對盈利模式的認識和建立過程看，盈利模式分為自發的盈利模式和自覺的盈利模式兩種。前者是自發形成的，起初企業對怎樣盈利，未來能否盈利沒有清醒的認識，企業雖然盈利，但盈利模式不明確、不清晰，因此盈利模式具有隱蔽性、模糊性、缺乏靈活性的特點；後者，也就是自覺的盈利模式，是企業透過對盈利實踐的總結，對盈利模式加以自覺調整和設計而成的，清晰性、針對性、相對穩定性、環境適應性和靈活性是它的顯著特徵。

傳統的企業在市場競爭的初期和企業成長的不成熟階段，盈利模式大多是自發的；隨著市場競爭的加劇和企業的不斷成熟，企業開始重視對市場競爭和自身盈利模式的研究。即使如此，也並不是所有企業都有找到盈利模式的幸運。

經過調查研究，我們發現現代企業的盈利模式包含三個關鍵方面：首先，價值發現——決定利潤的來源；其次，價值匹配——決定盈利水準高低；最後，價值管理——決定盈利能力的穩定性。這也是盈利模式構建的三個步驟。

任何行業的利潤都是由於企業盈利要素中「價值匹配度」的不同而分成不同區域的，如高利潤區、平均利潤區、低利潤區和無利潤區。在不同的利潤區內，盈利模式是完全不同的，其利潤狀況也自然不同，因為企業處於何種利潤區是由盈利模式來決定的。因此，一個企業只有在盈利模式構建完成的前提下，才能進行業務狀況、行銷模式、財務預算、人員管理考核方式等相關運營層面的規劃，否則就會出現各種「脫節」現象。例如，業務與財務脫節，銷售與品牌建設脫節，人員能力與考核脫節，銷量與利潤脫節，生產研發製造部門與市場行銷部門脫節等等。

盈利模式就是探求企業利潤來源、生成過程和產出方式的系統方法。盈利模式貫穿於企業所有經營活動的全過程。

心得欄 ------------------------------------

37
最佳盈利模式的特徵

企業需要選擇一個適合自己的最佳的盈利模式。那麼，怎樣才是最佳的盈利模式呢？

企業一般是透過模仿式的學習形成自己的盈利模式的。由於企業很難在短短的 10 年、20 年內形成自己的盈利模式。為了在短時間內獲得經濟效益，一般企業的通常做法就是借鑑同行業或其他行業中戰略領跑企業的盈利模式。

也許正因為如此，企業的普遍特點就是沒有核心競爭力。一家企業的盈利模式形成之後，其他企業就會透過模仿以求在短期內獲得成功。因此，競爭的同質化，造成了企業經營業績的大幅下滑，並最終導致行業利潤的大幅下降。相比之下，企業的做法則明顯不同。他們首先要做的就是廣泛學習先進企業的各種盈利模式，將各種盈利模式的優缺點以及適用範圍進行系統透徹的歸納與總結，再將各種盈利模式與企業自身的情況進行分析對比，從中找出符合本企業自身發展的盈利模式，一旦模式形成就在小範圍內進行推廣應用，在獲得初步成功之後再進行大面積的推廣應用。

目前很多企業已經明白了這個道理，但苦於身邊缺少比較成熟的盈利模式資料，所以很難迅速找到符合企業自身成長的盈利模式。經過研究，我們總結出企業最佳盈利模式的若干特徵以供參考使用：

1. 盈利模式不是僵化和機械的

盈利模式的某些內容是可以量化的，例如歷史盈利狀況數據；但大部份卻是不可量化的，每一個步驟都需要做出判斷。企業領導必須重視並準確評估那些不可量化的因素，例如趨勢的性質和效果、新法規的影響、週期性變化與結構性變化之間的區別、業內有些對手相對更加成功的原因和對你的客戶群構成的威脅等。還必須將事實與假設區分開來，必須用大量事實來檢驗所做出的假設，其中不僅包括外部現實，還包括企業的能力。

2. 盈利模式是動態的，不是靜止的

幾乎可以肯定，企業需要經過數番週折，才能把盈利模式找準、做對。之後還需要定期對其進行檢驗，當你認定外部環境和企業的內部能力已經出現某些變化時，還要不斷更新、完善之。但是，只要企業堅持對自己的盈利模式採取實事求是的態度，則無論企業對該模式的那些部份進行修訂，它都能保持前後的一致性。

研究軍事史的人都知道，如果一個人只知道如何去打仗，他只不過可能在過去的戰爭中成功過，而真正的將軍，應該深刻地瞭解到，為什麼戰爭會爆發？為什麼要去打仗？這樣他便會有意識地去把握其規律性。企業的盈利模式也有規律可循，也需要管理，它需要企業隨著戰略環境的變化對其不斷做出調整。

3. 成功的盈利模式在於能提供獨特價值

有時候成功的盈利模式來源於企業能提供獨特的價值，這個獨

特的價值可能是新的思想，而更多的時候，它往往是產品和服務獨特性的組合。這種組合要麼可以向客戶提供額外的價值；要麼使得客戶能用更低的價格獲得同樣的利益，或者用同樣的價格獲得更多的利益。例如，美國的大型連鎖家用器具商場 Home Depot，就是將低價格、齊全的品種以及只有在高價專業商店才能得到的專業諮詢服務結合起來，作為企業的盈利模式。

4.成功的盈利模式是腳踏實地的

腳踏實地就是實事求是，就是把盈利模式建立在對客戶行為的準確理解和假定上。例如說，企業要做到量人為出、收支平衡。這看似不言而喻的道理，要想年復一年、日復一日地做到，並不容易。現實當中的很多企業，不管是傳統企業還是新型企業，對於自己的錢從何處賺來，為什麼客戶看中自己企業的產品和服務，乃至有多少客戶實際上不能為企業帶來利潤、反而在侵蝕企業的收入等關鍵問題，都不甚瞭解。這樣不切實際的「盈利模式」，在.com 狂熱的時候，簡直數不勝數。

5.勝人一籌的盈利模式是難以模仿的

企業透過確立自己的與眾不同，如對客戶的悉心照顧、無與倫比的實施能力等，來建立利潤屏障，提高行業的進入門檻，從而保證利潤來源不受侵犯。例如，直銷模式(僅憑「直銷」一點，還不能稱其為一個盈利模式)，人人都知道其如何運作，也都知道戴爾(Dell)公司是此中翹楚，而且每個商家只要願意，都可以模仿戴爾的做法，但能不能取得與戴爾相同的業績，則完全是另外一回事。這就說明了好的盈利模式是很難被人模仿的。

如果一個企業的盈利模式是成功的，但又很容易被人模仿，那就肯定會被模仿，從而不能保證其競爭優勢，結果因大家都採用同一模式，企業之間的競爭很快就會變成純粹在成本上、價格上的競爭。

綜上所述，優秀的盈利模式應該是：完全可以跟競爭對手講個一清二楚，但競爭對手卻沒有辦法來模仿。這是建立在對市場的判斷、對自身能力的一種持續創新基礎上。這個有機的、一體化的、企業盈利模式的建立過程還貴在達到「自覺」狀態。

盈利模式決定企業的經營績效，決定企業的競爭力。實施盈利模式是當今企業生存和發展面臨的重要課題。

總之，進入新經濟時代，面對全球產業重組、價值鏈重組、信息技術的進步以及全方位的立體競爭，企業不僅要充分利用自己擁有的每一份資源，還必須將各個要素聯繫起來去把握，尋求適合自己的最佳的盈利模式。對於中國企業來說，發展經歷了艱辛曲折，其成功之路是一個經營創新的過程。那些目前具有相當規模的企業，面對激烈的競爭環境，盈利模式的優劣將決定它們的未來。

38

剖析你的企業盈利模式

對於一個成熟的企業來說，在商務以及業務上都會有自己獨特的結構。每個企業都有自己的盈利模式，使用怎樣的盈利模式都沒有關係，關鍵是這個模式必須可以賺取足夠多的利潤。每件商品有多少利潤，在一定程度上決定了一個企業的盈利能力。

如果對盈利模式進行劃分，可以將它分為兩種：一種是沒有人為干涉的盈利模式，這種模式是在企業發展過程中形成的，企業不需要有計劃地做任何相關的事，因為沒有計劃，所以現在能賺錢並不代表今後也一定能賺錢；還有一種是有計劃的盈利模式，由於企業進行過計劃，目標明確，也有具體的實施辦法，所以盈利比較持久，並且能夠應對很多突發狀況。

企業若想盈利，首先必須有人氣，人氣就意味著客戶流量。不管是實體的商鋪還是 Internet 上的網站，流量對它們都非常重要，流量便成為一種盈利模式。任何商鋪都願意開在繁華的地段，因為那裏有很多人來來往往，顧客也會比較多。

宜家將流量模式運用得特別好，它透過人為的方法，增加了顧客的流量。不管一個人對宜家的產品興趣是不是濃厚，只要他進了宜家的大門，一般都會逛遍整個商場，然後才離開。雖然宜家不能改變進入它這裏的人的數量，但是每個進來的人都會在這裏逛很久才離開，它的顧客流量整體上還是增加了。

宜家使顧客在它這裏多停留的方法很簡單，它把商場設計得像是迷宮一樣，人們只要一進去，基本上就處於迷路的狀態。宜家的商場把入口和出口設置在不同的位置，想要從入口到達出口，需要經過整個商場。這樣一來，顧客在商場裏左轉右轉，不經意間就會看到自己喜歡的東西，然後買下來。經統計表明，顧客購買的宜家商品，有 60%是本來沒有打算買的東西。由此可見，宜家這種人為增加流量的盈利模式是成功的。

商鋪利用客戶流量來盈利，Internet 上對流量的需求就更加迫切了。hao123 這個非常著名的導航網站，它的網站上有很多其他網站的鏈結，而這些網站都是要購買 hao123 的流量的。透過將自身的流量分流給其他網站來盈利，hao123 導航網站的盈利模式就是典型的流量盈利模式。正因如此，hao123 需要大量的用戶，這樣才能保證它可以得到足夠多的流量。hao123 提供給用戶搜索服務，還是一個搜索網站，這使得很多人將它設置成瀏覽器的主頁。

但是，hao123 並不能獨霸導航網站的位置，360 導航網站的出現讓 hao123 面臨著前所未有的危機。360 的盈利模式也是典型的流量盈利，雖然它的殺毒軟體都是免費的，但是因為用戶量龐大，它就可以用這巨大的流量獲取利潤。360 導航網站出來以後，迅速被用戶認可並使用，給它的 360 搜索創造出 50%的流量，而 hao123 能給百度創造的流量才只有 10%～30%。360 導航網站的市場佔有率差不多要超過 hao123 一倍，能有這樣的成績，全都要歸功於 360 殺毒軟體龐大的用戶數量。

很多事實都證明，流量盈利模式是一個非常好的盈利模式，尤其是在現在這個微利時代，它更是有不可替代的地位。360 剛開始做免費殺毒軟體時，瑞星還對它不屑一顧，免費還怎麼賺錢？但是，360 很快取得了成功，也給流量盈利模式做了最好的註解。

有顧客，有流量，企業就可以很好地營利，但是如果沒有足夠大的流量，企業就必須想辦法將客戶吸引過來，這就需要打廣告了。

實際上，廣告盈利模式也是企業盈利模式當中的一種，只有廣告做得好，才能讓人們都認識了企業的產品，產品才可以賣得好，企業才能盈利。

總的來說，企業的盈利模式有很多，選擇什麼樣的盈利模式，關鍵還是要看企業是做什麼的，處在什麼樣的階段。盈利模式沒有好壞，只有合適不合適，只要是適合企業的，適合產品的，就能讓企業獲得最大利益。

◎ 靠人給活兒幹，飯碗就端不牢

有一戶人家養著一隻小狗，某一天，小狗突然不見了，這戶人家只好馬上報警，期望能把小狗找回來。幾天後，有好心人發現了這隻可憐的小狗，並把它送到了警察局，員警立刻電告這家人來領回小狗。

在小狗和主人重新相見時，員警敏銳地發現小狗絲毫沒表現出歡喜的神情，眼神顯得傷楚，眼眶滿是淚水。員警很好奇，他低頭問小狗：「你雖然不小心迷路了，經歷了一些艱苦，但現在又可以回到自己的家中，應歡歡喜喜才對，為何還要流淚呢？」

小狗說：「員警先生，你恐怕沒想到我是離家出走的吧？」

員警驚異地問：「難道你家主人虐待你嗎？為什麼要出走呢？」

小狗心裏一陣酸楚，說：「在主人家，我和主人相依為命多年。最初由我負責家人的安全和看門，我恪盡職守，忠心耿耿，主人被我這種忠心感動了，一有時間就摸摸我、拍拍我，假日就會帶我到處遊玩，那時我感覺自己就是這一家的成員，和孩子一樣受到重視、疼愛，我也經常為自己鼓勁，願意一輩子照顧好這一家人。但好夢易醒……」

「後來怎麼樣了呢？」員警關切地問。

「那一天，家人請來了幾個工人，一陣敲敲打打之後，在門口裝了防盜器，從此我陷入失業的境地，家人再也不需要我去看門，也不需要我的保護了，我發現一天的時間大多在無所事事的感覺裏度過，生活失去了意義。雖然我的主人還是給我好吃的好穿的，但是卻明顯冷落了，這種感受我最不願意接受。再三猶豫後，我決定離家出走，寧願一個人去流浪、流浪……」

小狗為別人看門，這雖然也是一份工作，但是畢竟是為別人工作，什麼時候工作、做什麼樣的工作都由別人決定。一旦不再需要你，飯碗也就失去了。這就是為別人工作的悲哀之處。

·什麼樣的工作才是最穩定的工作？

·除了為別人工作我們還能做什麼？

答案很簡單，為別人工作就永遠也不可能得到穩定的飯碗，飯碗是別人給的，別人什麼時候想收回就可以收回。只有自己給自己飯碗，才可能端得牢。

心得欄 ------------------------------

39

成功商業模式的核心

企業想要賺到錢，商業模式非常重要。如果你的模式對了，賺錢就會變得非常輕鬆；如果你的模式不對，你很努力也不一定能賺到錢。

對於一個商業模式來說，最重要的是什麼？當然是能夠讓企業賺到錢。對於一個成功的商業模式，最重要的核心要素就是這個模式有怎樣的特點以及內在的東西。看一個企業的商業模式是不是好的，只要看看這個企業是不是一直都持續賺錢就行了。只有當一個企業能夠不斷賺到錢的時候，才能說這個企業的商業模式非常實用，其他再多的分析和理論都不如實實在在的利潤的證明有力。

企業使用的商業模式是不是好的並不是主要看它有沒有技術方面的創新，而是看它是否對一些需要改進的環節有所調整，或者是和原來的模式相比有了全新的發展。有些時候，一個非常好的商業模式甚至從各方面都顛覆了以前的規則以及人們普遍的觀念。

一般來說，一個好的商業模式需要注意一些原則上的問題，下面就來逐一介紹。

1. 一定要滿足顧客的需求

對於一個企業來說，最重要的就是必須要有消費群體，要有顧客。那麼，你怎樣才能將顧客召來，並且將他們留住呢？當然是你得有吸引他們的地方，這個吸引他們的地方就是你的產品必須能夠滿足顧客的需求。社會是一個現實的世界，如果你手裏沒有別人想要的東西，誰會在你這裏浪費時間和金錢呢，如果你的產品不能給顧客帶來好處，不能滿足他們的要求，那你的產品就是垃圾。想要你的商業模式成功，你就必須把滿足顧客要求放在首要的位置，其他一切都可以放到這一點之後。

說到滿足顧客的需求，現在 Internet 上的很多企業都在這方面做得非常好，例如騰訊 QQ。說起騰訊，相信每個人都知道，不管你是做什麼的，你一定都有騰訊的微信，它是和騰訊的 QQ 結合在一起的。騰訊微信免費給人們使用，為人們提供即時通信聊天的平台，有很多人甚至用它代替了打電話。正是由於騰訊不斷滿足人們的需求，並且還不用花錢，所以它的用戶量幾乎是所有企業當中最多的。現在的騰訊，每天 24 個小時，在任何時間，都有至少 2 億的用戶同時在線，這是其他企業都比不了的。

騰訊的通信服務是不收取任何費用的，那麼騰訊不賺錢嗎？當然不是，誰都知道騰訊特別能賺錢，它的市值甚至比最大的搜索網站百度都高。一個免費給人們提供服務的企業，竟然能夠賺那麼多錢，這其實一點也不奇怪。雖然有很多服務是免費的，但是它卻有更多的週邊產品是收費的，騰訊更是借助龐大的用戶量，在各個行業都有涉足，發展成為龐大的騰訊帝國。

馬化騰有一句話非常經典，他說騰訊要做 Internet 上的水和電，讓所有人都離不開。騰訊的發展證明，能夠滿足人們的需求，擁有龐大用戶群的企業，一定能賺到更多的錢，而且賺錢時還無比輕鬆。

2.必須能夠不斷賺錢

企業想要賺錢，不能像買彩票那樣，期待一夜暴富，這不僅不現實，而且還會使你的企業面臨巨大的危險。企業要講求持續不斷地獲取利潤，如果只是追求一時的利潤，很有可能因為巨大的風險，面臨萬劫不復的深淵。

你的商業模式必須能保證企業有不斷賺錢的能力。眼光放長遠，初期也許無法賺到錢，但長久下來，一定賺錢，而且可積累，企業才能發展得更好。

3.對資源進行合理分配

對於團隊來說，最重要的是合作，合作好了，能發揮更大的優勢；合作不好，可能還不如不合作時的效果好。對一個企業來說，資源的合理分配就變成最重要的事了，這和團隊合作是一樣的道理。如果企業能夠把各部份的資源搭配得非常好，就可以使這些資源發揮出更強的作用，有一個整體的提升。如果資源搭配不合理，就會出現處處受制，施展不開手腳的情況。

一個企業不可能是孤零零存在於社會上，肯定有合作夥伴，形成一個完整的產業鏈條。這就需要對各個環節都管理得非常到位，能夠使它們形成一個有機的整體，這樣無論做什麼事都將快速有效。

只有各方面都協調統一了，各個環節都能夠做得非常好，一個企業才能擁有強大的競爭力，才能在競爭日益激烈的市場上站住腳。

4.保持更新

我們處在一個高速發展的社會當中，市場的情況更是瞬息萬變，在這樣的形式下，不管是做什麼，都絕不能頑固地堅守以前的老套路。就算你的企業有一個好的商業模式，你也不能總是把這種模式當成萬能的，不管市場有沒有出現變化，都不肯改變這種模式。如果你那樣固執地堅守一個固定的商業模式，只會在市場的變化中敗得一塌糊塗。商業模式應該和企業共同成長，企業是在不斷發展壯大的，市場情況也是不斷變化的，所以，商業模式也得相應地進行調整和更新。

5.融資必須得好

對於一個企業來說，一個非常重要的問題那就是資金夠不夠。錢不是萬能的，但是企業想要發展，離開了錢是萬萬不能的。有不少大企業就因為資金上出現了一些小問題，最後竟然面臨倒閉的危機。所以，資金的問題不是小問題，每個企業都必須要重視起來。

你的商業模式好不好，融資也是一個重要的檢驗標準。如果你的商業模式在其他方面都很好，就是在這上面不行，拿不到足夠的錢，那你的公司根本沒有辦法發展下去。很多情況下，企業能夠籌集到錢，就財大氣粗，能夠比其他企業有更多的優勢，自然就能在競爭中勝出。

6.管理方面必須得當

對於一個企業來說，如果管理不行，那這個企業肯定沒有什麼效率。這很容易理解，那麼多的員工集中在一起，就像是構成了一個生產的機器，企業在管理方面做得不好，員工不能很好地合作，就等於是這個機器的各個零件協調不起來，當然不會有效率了。

一個企業，不管規模大小，管理都是必須重視的問題。管理好了，企業的效率就高，競爭力就有了。從利潤方面來看，也是如此，只有管理好、效率高的企業才能夠獲得更多的利潤。

在商業模式中會明確指出你的企業是靠什麼賺錢的，這一點非常重要。你的企業是靠產品賺錢的，產品是員工生產出來的，員工才是你賺錢的根本要素。管理好你的員工，讓員工有自己的理想，並且能夠緊密合作，你的企業肯定會有很大的發展空間。

7. 能夠抵禦風險

一個商業模式除了能讓企業賺到錢之外，還必須能夠使企業有足夠的抵禦風險的能力，這樣才不至於使企業在蓬勃發展時，遇到一點小狀況就應付不過來。如果你的商業模式只能賺錢，卻沒有絲毫應付風險的能力，它一定不是一個好模式。

雖然作為企業，可以透過技巧迴避的稅款還是避開比較好。企業為的是賺錢，雖然避開部份能避的稅款，短期內可能看不到什麼效果，但是長期下去，能幫你的企業省下不少錢。積少成多的道理用在這上面非常合適，想要賺錢，絕不能忽視避稅這一點。

總之，找到一個合理的商業模式，一個最適合企業的商業模式不是那麼簡單的，必須要經過長期的摸索與實踐。不過，也不要覺得這件事困難到進行不下去，只要時刻注意那些應該注意的點，就能使企業的商業模式越來越完善。

40
好企業盈利模式的九大要素

擁有商業模式並不難，難的是怎樣才能有一個好的商業模式。幾乎所有的企業都明白應該注意自己的商業模式，但並不是所有人都明白好的商業模式應該如何做到。

說起商業模式，誰都不會覺得陌生，似乎這個名詞已經存在很長時間，甚至有點老土了，但它的應用卻不是特別成熟。

在理解商業模式的時候，人們可能會有一些觀念上的偏差。例如有的人將它當成自己的企業具體怎樣去賺錢，去獲得利潤。有的人則不那樣認為，他們覺得商業模式最重要的還是在它的模型上面，企業使用的模型是怎樣的，這一點非常重要。第一種觀點強調的是賺錢這個過程，第二種觀點則強調的是模式這種概念方面的東西。

好的商業模式是要注意到很多東西的，其中的要素包括九個方面。

1. 給消費者帶來好處

企業生產的東西或者給人們提供的服務怎麼樣，能不能讓人滿意，可不可以給人們帶來實際的好處。如果做不好這一點，企業再怎麼努力，也不可能收穫更多的用戶，更不會有忠實的粉絲。

以現在火遍全球的蘋果手機為例，在大街上看到別人在玩手機，你注意一下他們使用的品牌，80%以上都是蘋果，甚至有時候連農民工手裏都拿著蘋果手機。為什麼蘋果手機會這麼火？首先就是它能夠給消費者帶來好處。

蘋果手機的好處有那些呢？首先，它的品牌比較好，廣告做得也非常到位，給人一種高端大氣上檔次的感覺，人都講究一個面子，所以用蘋果手機是很自然的選擇。其次，光體面行嗎？當然不行，蘋果手機功能強大，非常實用，它的相應軟體特別多，而且運行起來特別流暢，這就給用戶帶來了很大的方便。

還有一點是蘋果手機的保值性也給消費者帶來很大的好處。一款二手的蘋果手機，和相同的新蘋果手機，價格差距很小，才幾百塊錢。再看其他品牌的手機，如果是二手的，便宜到你都不想把它賣掉，而是選擇直接扔了。

蘋果手機有這麼多的好處，也難怪人們會鍾情於它了。就連一開始不喜歡蘋果手機的人，只要用上幾天，也會深深愛上這個品牌。

2. 明確目標

一個企業想要生存就應該明白自己所面向的消費群體是怎樣的。只有抓住了消費群體的喜好，然後努力使自己的產品在這方面有特色，才能有吸引人的資本。給自己的企業進行消費市場上的定位，這對任何企業都至關重要，一定要引起足夠的重視。

3. 銷售途徑

一個企業如果只是產品非常好，能夠滿足消費者的需求，也非常有特點，能夠在眾多的產品中脫穎而出，卻沒有好的銷售途徑，那也不可能賺到錢。使用正確的銷售途徑，才能夠把企業和消費者連接起來，給企業創造最大的利潤收入。

4.和消費者之間的關係

作為一個企業，如果只關注自己的產品，認為做好的產品就萬事大吉，一定會有好的市場，那你就錯了。現在消費者不但要求產品好，還必須售後服務和各種其他服務都好。必須讓消費者覺得你這個企業非常不錯，然後他們才會放心購買你的產品。所以，和消費者建立好關係，樹立良好的品牌形象，也是相當重要的一個環節。

小米手機現在非常火爆，很多人為了買一部小米手機，在小米的網站上搶好幾個小時，卻還是搶不到。等到下一輪搶購的時候，他還會繼續搶。為什麼小米受人歡迎呢？除了小米手機的品質不錯之外，還因為這個企業非常注意和消費者之間的關係。

小米不像別的企業將行銷、客服之類的事包給別人，而是什麼都自己來操作，和自己的用戶能夠很好地進行交流。它還有自己的論壇，裏面的粉絲經常會發表自己的觀點和看法，小米手機那裏好、那裏不好，這些人都會拿出來討論一番，這無形又拉近了企業和消費者之間的距離。小米微博上的粉絲也是非常多，企業經常會有互動的活動，積極鼓勵米粉發表意見，並且會提供適當的獎勵。

正是由於小米特別重視自己的用戶，用戶把企業當成了自己的朋友，自然也願意購買它的產品。

5.價值的分配要合理

生產的原材料需要採購，你的產品也需要宣傳，各方面的事情都得處理得當。在這個過程中，得特別注意在各個部份投入的金錢比重，不能無限投入，那是不理智的行為。

6. 執行能力

一個企業怎麼樣，關鍵不是看它做了那些計劃，而是看它的執行能力好不好。空有一個好計劃，卻不能執行，一切將成為泡影。

7. 重視合作

企業想發展，絕不能沒有合作夥伴。想要讓你的企業長期發展，你必須得有幾個靠得住的盟友企業。這些企業不但要能和你精誠合作，還必須保證不會在關鍵時刻離你而去。

8. 投入的成本

一件產品從生產出來到賣給消費者，很多地方都需要用到錢。從購買原材料，到生產時候所花費的人力、物力，再到打廣告、物流等各方面都要投入成本。這個成本需要在企業能夠承受的範圍內，不然企業忙了大半天，可能根本賺不到錢。

9. 收入的方式

做好了產品，有了消費群體，還得保證企業創造收益的方式是合理的。

通常來講，如果企業是服務業，需要有更加複雜的商業模式，相比零售以及製造行業來說，服務行業更需要花費心思。在以前，可能選擇一個消費群體比較多的地方，然後開一家店，等著顧客上門就行了。現在卻不能這樣，必須要有一定技術含量，有完整的商業模式，在做任何事之前都必須有準備、有計劃，不能再像以前那樣漫無目的，只等著顧客上門了。

在這個競爭已經達到白熱化的商業時代，無論做什麼都必須有完全的準備，否則就不可能做出成績。一個好的商業模式能讓你在成功的路上少走彎路，所以值得在上面多動一些腦筋。

◎ 眼光比學歷更重要

美國某著名學院的院長繼承了一大塊貧瘠的土地。在這片土地上，他找不到任何具有商業價值的木材，找不到礦產和其他貴重的附屬物。因此，他並沒有因為這塊土地而受益，反而每年得為它支出一大筆土地稅。

不久州政府修了一條公路，剛好路過這塊土地。有個人開車偶然經過這兒，發現這塊佈滿了小松樹等樹苗的土地地處山頂，站在上面可以一覽週圍數公里範圍內的美妙景色。

這個人立刻找到這片土地的主人——學院院長，以每畝 10 美元的價格買下了這 50 畝荒地。他開始實施他的改造計劃：在靠近公路的地方，造了一間精緻的小木屋；在小木屋附近建了一間很大的餐廳和一處加油站；在公路沿線建造了十多間精緻的小木屋，欲以每晚每人租金 3 美元的價格招攬遊客。此後，果然引來了很多遊客觀光，餐廳、加油站，還有小木屋，僅僅這些就讓他在第一年淨賺了 15 萬美金。

他的成本呢？小木屋所需的木材根本不必動他一毛錢，因為木材可以就地取材。

此外，小木屋的精緻造型給他的擴建做了最好的廣告。當然，如果城裏人用這種極原始的材料蓋房子，不被認定為瘋子才怪呢。

故事還在延續，在這片土地不遠處，有一個古老但荒棄了的農場，面積達150畝。他又以每畝25美元的價格將這個農場買了下來，且賣主相信這是所有人所能出的最高的價格了。

緊接著又是一連串的建設：在這個農場裏，他築了一個長100米的水壩，完成了佔地15畝的湖泊的雛形；然後引一條溪流的水進入這個湖泊，並在湖中放養了許多魚；之後把農場以建房的價格賣給那些想在湖邊避暑的人。簡單一轉手，25萬美元的淨利就到手了，時間也僅用了一個夏季。

當這個人完成了這些規劃後，那個曾經擁有50畝土地的主人，也就是學院院長，感慨地說：「他所做的，真值得我們深思，也許很多人會指責他沒有知識，但是他有眼光啊！他在50畝荒地上經營後得到的年收益，遠遠超過了我5年的總收入——以教育方式賺取的。」

同樣是一塊土地，在一個大學院長的眼裏是一種必須為之交稅的負擔，可是在另一個人的眼裏，卻成了賺錢的好機會。著名學院的院長知識不可謂不淵博，學歷不可謂不高，然而這些都不能讓他在自己擁有的資源基礎上創造出財富，反而是一個沒有什麼學歷的人，憑藉著超凡的眼光，變廢為寶，成了富人。那麼，我們不禁要問：

・學歷的高低對人們創造財富的能力究竟有多大的影響？

・學歷和眼光，那一個才更重要？

當今的社會是知識大爆炸的社會，很多人由此認為沒有知識就沒有創造財富的可能。於是，對學歷的片面追求就成為社會的一種風潮。

心得欄 ______________________________

41

成功商業模式構建六步大法

不同的企業有著不同的情況，想要擁有一個最正確的商業模式，必須根據自己企業的情況構建一個出來。具體來說，構建一個成功的商業模式，需要按照六個步驟進行。

1. 突破以前行業內規則的束縛

現在各行各業的競爭對手都是一大堆，想要從這麼多競爭對手當中勝出，你絕對不能按常理出牌，一定要突破行業內的規則才行。要知道，如果一個企業靠出賣自己員工的勞力來賺錢，它就是最差勁的企業；如果一個企業靠賣產品賺錢，它只是一般的企業；如果一個企業賣的是技術，它就比較優秀了，但還不能算是特別優秀。一個特別優秀的企業應該是什麼樣的呢？它應該依靠全新的規則來賺錢。

當企業全都被現有的規則束縛住的時候，這些企業就很難有突破性的發展了，想要有所突破，就必須打破這些條條框框，讓你的企業「跳出三界外，不在五行中」。

2. 找到最有價值的利潤區

想要賺到錢，你必須在最能賺錢的地方努力。企業要從顧客那裏得到更多的利潤，當然就得找到最有價值的利潤區了。

在給企業的發展方向定位的時候，你首先必須考慮到你的顧客對產品有什麼樣的要求，他們在那方面投入的錢更多一些，而且更願意把錢投入進來。根據顧客的價值取向，來確定你這個企業的價值取向。

定位好了以後，你還需要注意一點，那就是企業的利潤區不是一成不變的，它很有可能會因為外界的情況發生變化。遇到這種情況，你就要及時調整企業的方向，重新找到最有價值的利潤區。如果沒有及時調整戰略方向，就會出現企業盈利不佳的狀況，甚至會因為努力方向的錯誤，導致更嚴重的問題出現。

3. 實現價值

如果企業只是找到了價值所在的方向，卻不能將價值實現，那等於什麼用都沒有。找到價值之後，要想盡一切辦法將這種價值實現出來，然後還要想辦法保護自己的成果，不讓別人把你的經驗偷走。

在將價值實現之前，你得弄清楚什麼樣的價值是必須由你自己的企業去努力實現的，什麼樣的價值可以透過和別的企業合作的方式實現。有很多時候，單單依靠自己的力量很難把事做成，如果借助別人的力量，事情就好辦多了。

現在網路上團購非常流行，從專業的角度來看，團購這種形式還沒有成為一種特別成熟的商業模式，很多東西還有待探索與發現。所以說，一個企業如果團購，想透過團購來獲得利潤，就必須把握好發展方向，並有一個特別清楚的盈利方式。

通常人們會團購食物、自助餐、電影票、KTV 之類的東西，這些東西的團購一般都是在本地。這很容易理解，你不可能團購了幾張電影票，然後和朋友坐車去到外地看一場電影。

所有的團購都是這些東西，難免缺乏新意。在這方面，拉手網就做得非常不錯，這個企業對服務品質要求非常高，使消費者特別願意在這個網站消費。另外，網站還有各種各樣的商品，組成一個更多元的銷售平台，這就打破了團購那種單一的思路，和其他團購網站相比，更有吸引力。

現在的團購一般都是局限於一座城市當中，而拉手網的這種多元化發展的定位，很有可能會使團購也變成一般的網上購物商城那樣，可以把貨發到更遠的地方。由於有各種實物商品，這些商品打包運輸是很簡單的，所以把它們賣到更遠的地方並不難。

將實物商品團購和服務類型的團購結合起來，形成更多元化的團購系統，拉手網這種快人一步的思路和做法，很容易在前期形成巨大的優勢。一旦成功，其他企業再想效仿就非常困難了，因為拉手網已經做得非常大，在這個大魚吃小魚的經濟時代，很難再和它抗衡。

4.把價值傳遞出去

不可否認，創造價值是非常重要的，怎樣把這種價值體現到顧客那裏，這又是一個問題。一個成功的商業模式不但能讓企業把價值創造出來，還必須要把價值落實到每一個消費者的手中，讓消費者願意掏錢買單。

從產品生產好到產品到達顧客的手中，需要宣傳和銷售鏈條等一系列的配套服務。如果還是堅守那句「酒香不怕巷子深」的老話，你的企業只會在信息技術高度發達的今天敗得一塌糊塗。

5. 確定未來的價值取向

一個企業想要發展，絕對不能只看到眼前的利益，應該放眼未來。現在企業是創造出價值來了，如果不注意確定接下來的發展方向，很有可能馬上就會出現利潤的終結。企業賺不到錢，也不能再繼續發展下去。

明白企業接下來要怎樣發展就能讓企業獲得的利潤最大程度地擴展。企業能不能知道自己將來在那些方面獲利，首先看它對顧客的熟悉程度如何。如果你對顧客的需求瞭若指掌，判斷企業接下來價值發展的方向就很容易了。

6. 綜合提高

將上面的五個步驟做完之後，你需要對這些東西進行整合，然後達到一個全新的高度。在學東西的時候，我們先是一點一點地學，等完全把知識學會之後，就能融會貫通，達到一種沒學完之前不能達到的境界。對企業的管理也是這樣，你把前幾步都做好了，現在再把這些東西融合到一起，就能使企業的戰鬥力更高，各個方面都上一個新的台階。

現在市場競爭變得越來越規範化，相應的約束條款也是越來越多，與此同時，更多的機會也紛紛湧現出來。想要在風起雲湧的經濟大潮中創造出別的企業創造不出的利潤，必須有一個適合自己企業的商業模式，而這個模式是由企業一點一點打造出來的。

42

企業盈利模式的構成

不少企業隨著市場變革的深化而消亡，而更多的企業卻在激烈的市場競爭中不斷地發展壯大。許多企業主和企業家都在思考：什麼才是企業持續發展的動力？

經過慢慢摸索，終於懂得了一個基本的道理：一個企業之所以能夠成功，除了企業必須擁有人力資源、資金資源、物流資源、操作靈活的組織結構外，還必須具有自己特色的盈利模式，沒有盈利的企業是沒有出路的！於是，企業家們紛紛尋找自己的盈利空間和盈利模式，有些企業已經找到了，但有相當一部份企業對此依然茫然。

其實，盈利模式也並不是什麼神秘的東西，通過對盈利模式的系統研究，可以發現，盈利模式是企業在市場競爭中逐步形成的企業特有的賴以盈利的商務結構及其對應的業務結構。

構成企業盈利模式的商務結構主要指企業外部所選擇的交易對象、交易內容、交易規模、交易方式、交易管道、交易環境、交易對手等商務內容及其時空結構；構成企業盈利模式的業務結構主要指滿足商務結構需要的企業內部從事的包括科研、採購、生產、儲運、營銷等業務內容及其時空結構。商務結構反映的是企業內部資源整合的對象及其目的，業務結構反映的是企業內部資源配置的情況。商務結構直接反映企業資源配置的效益，業務結構直接反映企業資源配置的效率。

任何企業都有自己的商務結構及其相應的業務結構，但並不是所有企業都能盈利，也並不是所有企業都有盈利模式。

其實，盈利模式的最大價值在於：有時候它既不需要競爭戰略，也不需要特殊的個人能力，甚至不需要任何實際的用戶，就可以造就成千上萬的商業財富。在某種盈利模式下，公司甚至用某一種商業操作工具就能夠完成交易，例如期貨市場、股票市場和外匯市場等。

從企業對盈利模式的認識和建立過程看，盈利模式分爲自發的盈利模式和自覺的盈利模式兩種。前者是自發形成的，起初企業對怎樣盈利，未來能否盈利沒有清醒的認識，企業雖然盈利，但盈利模式不明確、不清晰，因此盈利模式具有隱蔽性、模糊性、缺乏靈活性的特點；後者，也就是自覺的盈利模式，是企業通過對盈利實踐的總結，對盈利模式加以自覺調整和設計而成的，清晰性、針對性、相對穩定性、環境適應性和靈活性是它的顯著特徵。

傳統企業在市場競爭的初期和企業成長的不成熟階段，盈利模式大多是自發的；隨著市場競爭的加劇和企業的不斷成熟，企業開始重視對市場競爭和自身盈利模式的研究。即使如此，也並不是所有企業都能找到適合自己的盈利模式。

經過調查研究，我們發現現代企業的盈利模式包含三個關鍵方面：首先，價值發現——決定利潤的來源；其次，價值匹配——決定盈利水準高低；最後，價值管理——決定盈利能力的穩定性。這也是盈利模式構建的三個步驟。

任何行業的利潤都因企業盈利要素中「價值匹配度」的不同而被分成不同區域，如高利潤區、平均利潤區、低利潤區和無利潤區。在不同的利潤區內，盈利模式是完全不同的，其利潤狀況也自然不同，因爲企業處於何種利潤區是由盈利模式來決定的。因此，一個企業只有在盈利模式構建完成的前提下，才能進行業務狀況、營銷模式、財務預算、人員管理考核方式等相關運營層面的規劃，否則就會出現各種「脫節」現象。例如，業務與財務脫節，銷售與品牌建設脫節，人員能力與考核脫節，銷量與利潤脫節，生產研發製造部門與市場營銷部門脫節等等。

盈利模式就是探求企業利潤來源、生成過程和產出方式的一套系統方法。盈利模式貫穿於企業所有經營活動的全過程。

心得欄 ----------------------------------

43

盈利模式由實體轉向虛擬

面對極度競爭的新形勢，企業必須能夠隨機應變，努力去尋找新的盈利模式。

在工業時代裏，人們習慣於擁有實體，當時以體積與重量來衡量產品的價值是最穩當的；然而時至今日，一噸鋼鐵的價值可能比不上一輛車子，或者一套軟體的價格。現在無形的產品反而能賣得好價錢，不從事生產的企業反而能夠持續盈利。

正當產品變得越來越無形、越來越難以摸著邊際之時，我們發現連廠房設備、人力資源、組織結構也變得不像過去那麼真實了。辦公室不見了，交易和決策就在指尖和手提電腦中完成；可以在電腦上買東西；與政府之間的互動，也可通過網路進行；人類社會的形態將徹底被改變，企業不再需要實際擁有這些資源同樣也能贏得高額利潤。

自己不生產一雙鞋卻成爲全世界最大的運動鞋廠商的耐克公司，正是依靠「虛擬經營」走上成功之路的。它透過台灣的寶成公司來爲其調度全球生產資源，自己則專注於產品的設計與行銷上。有些企業甚至連產品的研發與設計都交由他人代勞，例如以 Palm 等 PDA 系列產品著稱的 3Com，也能妥善地運用外部的設計公司來爲其設計產品，其多款暢銷商品都是由 IDEO 這一家專業設計公司所完成。

據瞭解，目前美國、日本等國家，正以年遞增 35%的速度組建跨行業、跨地區的虛擬企業。美國戴爾電腦公司創立時，根本無力支付生產配件所需的費用。其創始人戴爾認爲，可以將別人的投資爲自己所用，而把利潤放在客戶的供貨方式和市場開拓上。爲此，他以「戴爾」品牌電腦爲核心，以能在 1 小時內供貨爲條件，從外部選擇可靠的供應商並與之建立夥伴關係，使之成爲自己的一部份。在客戶投訴某一零件時，由供應商的技術員工到現場處理，回來後到戴爾處研究改進質量的方法。戴爾和供應夥伴共用設計數據庫、技術、資訊等資源，大大加快了將新技術推向市場的速度。當客戶提出訂單後，戴爾公司能在 36 小時內按客戶需求裝配好電腦，5 天內把貨送到客戶手中。新型的企業組織形式使戴爾公司迅速成長爲一家知名的電腦公司，供應商也在和戴爾公司的合作中融爲一體，分享了企業高速成長的優厚回報。

通過這些案例分析其背後的成功關鍵要素，可以發現一個共同點，那就是企業「虛擬化」的重要性，這也是企業面對資訊化帶來的新變化而迅速調整盈利模式的結果。對企業而言，追求虛擬化的時代也許已經來臨，「不虛擬化，只有等死」的字眼雖然有點危言聳聽，但是找不到新定位的企業，面臨的處境肯定會越來越艱難。因爲在新的時代，企業爲了給客戶提供一次性購足的服務，需聚合多家企業的核心能力，以形成虛擬價值網路，而在這個網路上，企業本身、供應商、經銷夥伴、客戶彼此雖互不隸屬，卻能透過能力互補、分工合作的營運模式來共創價值，所有業務流程於企業內、外串流時，基本上就像是同一家企業一樣，可以無縫隙地從事商業活動。

理想上是如此，做起來卻有些困難，因爲企業迎向虛擬化的過程是痛苦的，其所牽涉的不單單是電子化的問題，還包括企業策略、人力資源、業務流程、組織結構、工作環境、行政支援等層面的改變，而這個趨勢將隨著知識經濟的方興未艾，更加蓬勃地發展。企業也應該在巨人的肩膀上，走一條自己的虛擬企業發展之路，用資訊化建設來撐起企業的未來。這樣一條道路正是企業在新時代到來時，應及時調整的盈利模式，應勢而動，變中求存。

◎ 貧窮與富有

有位青年人時常對自己的貧窮發牢騷。

有一天，他終於鼓足勇氣，敲開了一位富翁家的門，希望那位靠白手起家的富翁能夠告訴他一些關於致富的秘訣。

「你一定想知道我是怎樣白手起家的吧？」一進門，富翁首先問道。

「您是怎麼知道的？」青年人暗暗地對富翁的判斷力表示驚訝。

「因為在你之前，已經有很多位自以為一無所有的人來找過我。來時他們確實貧困潦倒而且牢騷滿腹，但走時儼然個個都成了富翁。你也具有如此豐厚的財富，為什麼還抱怨不止呢？」

「它到底在那裏呀？」青年人急切地問。

「你的一雙眼睛。只要你給我一隻眼睛。我可以用一袋黃金作為補償。」

「不，我不能失去眼睛！」青年大聲回答道。

「好，那麼讓我要你的一雙手吧！這樣我就可以把你想得到的東西都給你。」

「不，雙手也不能失去！」青年尖叫道。

「既然有一雙眼睛，你就可以學習；既然有一雙手，就可以勞動，現在你看到了吧，你有多麼豐厚的財富啊！這就是我所謂的致富秘訣。」富翁微笑著說。

青年人聽了，如夢方醒，他謝了富翁，昂首闊步地走了出去，儼然也成了一位大富翁，因為他知道他已經擁有了致富的本錢。

生活中，有許多人都像這位青年那樣，不是抱怨命運不公，就是抱怨無人識用。其實，生活的富有就是讓自己擁有的東西物有所值，不是嗎？

44

五種生存空間

美國著名管理專家彼得‧德魯克在《管理——任務、責任、實踐》一書中曾指出：企業的成功依賴於它在一個生態領域中的優先地位。他又在《創新與企業家精神》一書中正式提出「企業生存空間」概念。選擇「企業生存空間」的經營領域，實際是要壟斷市場中的某一個小領域，使自己免受競爭和挑戰，在大企業的邊緣地帶發揮自己的獨到專長，爭取在一些特殊產品和技術上成爲佼佼者，逐步積累經營資源，尋找機會，以求發展。爲了獲得經營資源的相對優勢，企業選擇經營領域的原則應是謀求企業生存位置。

美國兩位經營學專家保羅‧索爾曼、托馬斯‧弗裏德曼在《企業競爭戰略》一書中，提出了一個與「企業生存空間」含義相近的概念：生態空間。他們認爲，企業間的競爭恰如自然界中不同生物物種之間的競爭，弱者之所以能夠生存繁衍，是因爲它們與強者的生存空間不完全重合，即有各自的「生態空間」。

我們認爲，適合企業生存與發展的經營領域主要有五種，即企業的五種生存空間。在這五種生存空間中，企業可以找到自己的盈利模式。

1. 自然生存空間

爲了獲得超額利潤，追求「規模經濟性」，大企業一般採用「少品種、大批量」的方式，就爲中小企業留下了很多大企業難於涉足的狹縫地帶。這些特點是：第一，市場規模較小，對大企業來說生產價值不大的產品；第二，大企業認爲信譽風險大的產品；第三，屬於多品種、小批量生產方式的產品。很多中小企業正是選擇此點而投入經營資源，在與大企業不發生競爭的情況下成長起來的。

一位農民企業家在進行市場調查時發現，某地區雖然輕紡工業十分發達，但產品主要是向高、精、尖發展，微利低檔的棉布無人問津。但該地區也有低收入群衆，需要低檔布料，其他消費者也需要一定數量的低檔棉布做窗簾、衣服襯裏、被裏子等，還有許多老年人依然保持著穿布衣的習慣。於是該企業家大量生產低檔棉布向該地區推銷，結果大受歡迎。

某開關設備廠是個小廠，公司調查瞭解到全國 6 家製造電器控制設備的大廠基本上佔領了全國市場，但它們不生產數量少、規格雜的非標準型電器控制設備，有這種需求的用戶跑遍全國也找不到製造廠家。另外，這些大企業採用年度訂貨的辦法，一些一時急用設備的用戶也難以得到滿足。因此，該廠以生產非標準電器控制設備作爲服務方向，制定了「大廠遺漏我們撿，大廠缺的我們補，大廠不做我們做」的經營方針，只要客戶需要，隨來隨做，不限規格，不限數量，結果企業獲得了成功，產品行銷全國。

2. 空白生存空間

一般情況下，當前一代產品開始衰退，後一代產品尚未投入之時，市場往往會出現一個「戰略空白」。在這樣的市場空白中常常可以找到適合企業成長的小生位，中小企業應積極尋求這樣的機會，善於此道者定能走向成功。

電晶體是著名的貝爾實驗室在 1947 年發明的，很多人認識到電子管終究要被電晶體所取代，但當時在世界電子行業稱雄的幾家美國大公司仍沉迷於豪華的超外差式收音機的高超生產技藝，沒有立刻轉產晶體管收音機，而是計劃在 1970 年左右將電子管轉爲電晶體。日本的新力公司當時在國際上還毫無名氣，而且根本不生產家用電子產品。新力公司的總裁秋田森多僅以 2.5 萬美金的「可笑的」價格就從貝爾實驗室購得了技術轉讓權，兩年後新力公司就推出了首批攜帶型半導體收音機，與市場上同功能的電子管收音機相比，重量不到其 1/5，成本不到 1/3。3 年後，新力佔領了美國低檔收音機市場，又過了 5 年，竟佔領了全世界的收音機市場。

3. 協作生存空間

企業追求的經濟規模，對於生產複雜產品的大企業來說，不可能使每一道工序都達到規模經濟的要求。大企業欲謀求利潤最大化或成本節省擺脫「大而全」生產體制的桎梏，去追求與其外部(下包廠)協作的完美。

日本豐田公司一次發包的企業就有 248 家，這 248 家還要向 4000 多家企業二次發包。日本松下電器公司由協作廠生產的零件達 80%以上。一個大企業網羅一大批中小企業(大企業所需零件的生產和供應)，建立較穩固的協作關係，有這種協作關係的企業群體被稱爲「企業系列」，如日本的豐田系列、日立系列、松下系列、日產系列和 NTT 系列等。這種協作關係實際上爲中小企業提供了生存空間，我們可稱之爲「協作小系統」。中小企業應爭取進入屬於大企業體制的「企業系列」，以專用資產與大企業長期合作，「靠山吃飯」，以求生存與發展。

4. 專利生存空間

擁有獨特生產技術的企業，可以運用工業產權來防止大企業染指自己的專有知識，向自己的產品市場滲透，從而在法律制度的保護下形成有利於企業成長的「專利小生位」。中小企業在生產經營過程中，通過技術開發和技術創新，可以取得具有新穎性、先進性和實用性的科技發明成果，或設計出產品的新結構、新形態、新裝飾等。這些可以作爲開拓新的細分化市場，滿足新的社會需求，降低產品生產成本、擴大產品差異性的手段，增強企業的競爭優勢。

然而大企業比中小企業具有更強的科研成果、商品化能力和市場控制能力，中小企業的專利一旦被模仿，就會因知識價值的提前下降而從市場上被排擠走。在工業產權的保護下，中小企業可取得專利的專有權或壟斷權，免受大企業的驅逐與傾軋，贏得相對平穩的成長環境。並非只有少數技術開發能力卓越的企業才能進入「專利小生位」，通過專利轉讓制度，很多中小企業都可以爲自己謀得這樣的小生位，因爲對一些企業或科研機構來說，高價出售新技術成果往往比自己壟斷使用更爲划算。

5. 潛存生存空間

在我們的現實生活中，常有一些只得到局部滿足，根本未得到滿足或正在孕育即將形成的社會需求。這樣的需求盲點所構成的潛在的市場區隔，可稱之爲「潛存小生位」。發現和預測潛在需求，是一項難度極大、藝術性極強的工作。中小企業一旦發現前景良好的潛存小生位，就應著手做好開發、生產、銷售、管理工作，以建立更大的首移優勢(首移優勢來源於很多因素，如學習曲線的作用，顧客信賴、專利保護、稀有資源的最先使用等)，加固經營壁壘，提高後來業者進入障礙，提高壟斷能力，延長中小企業壟斷這一市場區隔的時間，以期獲得豐厚的收益。

心得欄 ----------------------------

45

「管理精細化」除掉利潤黑洞

在北極圈，北極熊是種非常強大的動物，一般的人根本抓不住它們，但是聰明的愛斯基摩人卻能非常輕鬆地殺死它們。

愛斯基摩人的方法其實很簡單，他們知道北極熊喜歡雪，所以就做一個很大的雪球，然後在裏面插上一把尖刀。北極熊看到雪球，就會伸出舌頭不停地舔，很快便舔到了尖刀。但是由於舌頭早就被雪凍得麻木了，所以即便血不停地流出來，它們仍渾然不知。就這樣，直到它們慢慢消耗光了自己的能量，最後倒在血泊中……

這個故事告訴大家：如果一個企業內部管理鬆懈，而且對自己的內耗卻渾然不知，最終也會像北極熊一樣將自己的能量消耗殆盡。

目前許多行業在經歷了「暴利時代」井噴式的增長之後，企業在內部管理上難免染上管理粗放的毛病，不注意控制自己的內部消耗。

隨著微利時代的到來，利潤的合理回歸已成必然趨勢。有些企業還在一味寄望於市場回暖，再度享有「暴利時代」，我們應該正視微利時代的到來，主動進行成本控制，實行精細化管理。

韓國著名企業家金宇中曾經說過：「浪費是危險的，而且會變成壞習慣。浪費金錢不只危險，更影響人們的精神狀態：人們對努力工作失去興趣，只關心眼前的享受與刺激；他們喜歡幻想更甚於工作。犧牲勤勞和節儉，甘爲懶散和奢靡的誘惑捕獲；他們不願腳踏實地地努力，點滴積累，期待不勞而獲。這種精神狀態會導致人性的墮落和腐敗，最終導致個人和企業的衰亡。」

2005 年 3 月 19 日，四川長虹電器股份公司的一則公告讓市場爲之震驚。公告中稱，長虹股份公司將對存貨計提減值損失約 11 億元左右。11 億元意味著什麼？它相當於長虹公司前 5 年的利潤總和。

因爲特殊國情，很多企業的存貨鉅額損失，總是在換屆之後才會曝光。例如，2001 年的科龍公司、康佳公司。但是，對於一個企業來說，不重視，或者不敢正視企業的存貨管理不善，並不意味著問題不存在。因爲存貨成本對盈利水準的影響最終會反映出來，是掩蓋不住的。

事實上，存貨對成本的影響絕非減值損失這一項，它在很多方面對成本的影響超出你的想像。哈佛《商業評論》中有一篇很有新意的文章——《「盈」在存貨驅動成本法》。它講述的是惠普公司移動計算事業部如何改變存貨成本的傳統思維，發現了真正的存貨驅動成本(inventory-driven cost)，從而優化決策，一舉扭虧爲盈的故事。

衆所週知，惠普公司所處的是一個在存貨管理方面難度特別大的行業：產品生命週期縮短、部件與整機貶值加速。在 1998 年之前，賣出的每台機器都是虧本的。管理人員嘗試了各種措施來改善盈利情況，包括降低原材料成本、控制運營費用，以及開發新品增收等，但都未能奏效。直到著手分析供應鏈決策對存貨驅動成本的影響時，事情才出現了轉機。

惠普的戰略規劃與建模小組發現，產品供需不一致所造成的庫存過剩，是導致個人電腦成本過高的主要因素。而當時的成本計量法不能跟蹤所有的存貨驅動成本，成本項散落在不同的部門和地區，在不同的時間按照不同的會計準則入賬。最容易辨識的存貨驅動成本是傳統的存貨成本項目，通常被定義爲「存貨持有成本」，包括存貨佔用的資本成本和維持存貨的實際成本(租倉費等)。但在惠普公司，持有成本佔存貨驅動成本的比例還不到 10%。調查表明，PC 業務中存在另外 4 種重要的存貨驅動成本，包括元件貶值成本、價格保護成本、退貨成本、產品淘汰成本等。

惠普移動計算事業部原本採用的是兩步供應鏈結構：由一個中央工廠集中負責生產，並由各地工廠完成本地產品的配置。分析發現，如果把元件貶值和產品淘汰等存貨驅動成本計算在內，這類供應鏈的總成本中，有約 40%與存貨有關，而以前公司從未這樣考慮過。由此可見原來的供應鏈代價高昂。在考慮存貨驅動成本的基礎上，通過對 5 種供應鏈方案的比較，惠普移動計算事業部在 1998 年改用集中生產、成品空運的單步結構。結果當年即實現盈虧平衡，並在 1999 年扭虧爲盈；存貨驅動成本佔總銷售收入的比重在 2 年內從 18.7%降至 3.8%。這個方法很快被推廣到惠普公司所有的 PC 部門。

這種方法背後的主旨就是「管理精細化」，這是企業在日後的經營中要牢記的。只有這樣，才能發現並消除利潤黑洞。

精細化管理到底能夠達到一種什麼樣的效果呢？在 2004 年財務年度，豐田公司只生產了 678 萬輛汽車，但獲得的利潤比通用和福特這兩家美國汽車公司的利潤之和還要高出 2 倍多(淨收益爲 86.4 億歐元)。它擁有的交易所證券總價值要高於美國通用、福特、克萊斯勒汽車「三巨頭」的總值。豐田公司在管理體系上並沒有什麼驚人之舉，但在精細化管理上卻顯示了神奇的效果。

人人都知道管理可以出利潤，只有靠精細化的管理才能真正出效益。傳統的老企業，由於體制的原因，企業是依樣畫葫蘆地運轉著，廠長不需要思考太多，其管理一般也都是鬆懈和粗放的，而這一點恰恰是導致企業效益低下的根本原因。

精細化也不是什麼新鮮事物，作爲一種追求精益求精的努力，自古以來那些做事認真的人就在做了。但作爲現代工業化時代的一個管理理念，必須充分認識到，精細化管理必須是一種持續不斷改進並貫徹的一種方法。

利潤的計算公式非常簡單，即利潤＝收入－成本。經濟學上說，企業的首要目標就是利潤。但是，這個簡單的利潤公式，卻包含著對管理工作高度的要求，不是每個企業都操弄得好的。

現在的市場環境已經進入了微利時代，而且平均利潤率會越來越低。很多公司人士認爲利潤是經營層的責任、管理者的責任，如果公司利潤下降，那是經營方略、管理手段的偏失。如果因此導致員工降薪甚至裁員，員工們還會把一腔怨氣撒向管理層。但是，在微利時代，利潤實際上不僅僅是管理者的事，它仰賴每一位員工在工作中隨時保持利潤意識、成本意識，增效節耗、開源節流。沒有員工的主動意識，經營層縱有再好的方略與思路，也無法施展開來。

二戰剛結束，美國福特汽車公司老闆亨利· 福特引入了「十傑」，即由 10 名空軍退役軍官組成的優秀管理小團體。這個 10 人小團體以桑頓爲首，在軍中服役時就已經探索了一套行之有效的管理方法。空降到福特公司以後，他們強調數字管理，要求每一個部門都進行嚴格的核算，效益最大化，成本最小化。財務管理的觀念尤其發生了根本性的改變，從過去的成本核算轉變爲成本控制。福特公司的老員工們看不慣這 10 個人，認爲他們束縛了自己的手腳，嘲諷地稱他們爲「管理神童」。但是，隨著時間的推移，成本觀念終於在員工們的心中紮根，逐漸變爲他們的自覺行動，福特公司的面貌發生了根本性的改變。桑頓和 10 人小團體中的好幾個人成爲美國的著名人物，其中麥克納馬拉還擔任了甘乃迪政府的國防部長。

很多人在花自己的錢時，會反覆砍價，在砍價的基礎上，又要挑質量最好的商品。但是，在公司工作中，他們卻會認爲，上級增效的要求是對自己加壓，削減經費的命令又是與自己爲難。他們希望隨心所欲地花錢，卻不知道這是在侵蝕公司的利潤，同時也在損害自己的利益。

日立公司在開展節約運動時提出了「1 分鐘在日立應看作是 8 萬分鐘」的口號，意思是說，1 個人浪費 1 分鐘，日立的 8 萬名職工就要浪費 8 萬分鐘，按 1 人 1 天勞動 8 小時計算，8 萬分鐘就等於 1 個人勞動 166 天。在這個口號的鼓動下，日立公司從上到下普遍樹立起「公司越是龐大就越要節約」的觀念。在日立公司內部使用的信封正面上，貼有一張畫著幾條橫線的紙。第一次使用時，收信人名寫在第一行，第二次使用時，收信人名寫在第二行，同時把上次的收信人名塗掉。這樣一張信封就可反覆使用多次，避免了浪費。

在日立公司，有一條不成文的「規矩」，不用的電燈一定要關掉。日本修建的辦公室，日光燈的開關一般都是集中控制的，但在日立公司的任何一間辦公室裏，至今仍是每一盞燈拖著一根繩子，午休的時候，職工們都要關燈。

心得欄 ------------------------------

46

戰略聯盟，創新盈利價值

相傳戰國時期的大富豪范蠡，剛開始做生意時本小利微，無法做大。後來，范蠡看到吳越一帶需要好馬。他知道，在北方收購馬匹並不難，馬匹在吳越賣掉也不難，而且肯定能賺大錢。問題是把馬匹運到吳越卻很難：千里迢迢，人馬住宿費用且不說，最大的問題是當時正值兵荒馬亂，沿途強盜很多。怎麼辦？他瞭解到北方有一個很有勢力、經常販運麻布到吳越的巨商姜子盾。姜子盾因常販運麻布早已用金銀買通了沿途強盜。於是，範蠡把目標放在了姜子盾的身上。這天，範蠡寫了一張榜文，張貼在城門口。其意是：範蠡新組建了一個馬隊，開業酬賓，可免費幫人向吳越運送貨物。不出所料，姜子盾主動找到範蠡，求運麻布。范蠡滿口答應。就這樣，范蠡與姜子盾一路同行，貨物連同馬匹都安全到達吳越，馬匹在吳越很快賣出，範蠡因此賺了一大筆錢。

範蠡販馬的故事，可以算作是戰略聯盟的最初案例吧。

自從美國 DEC 公司總裁簡· 霍普蘭德(J.Hopland)和管理學家羅傑· 奈傑爾(R.Nigel)提出戰略聯盟的概念以來，戰略聯盟就成爲管理學界和企業界關注的焦點。儘管目前管理學界和企業界關於企業戰略聯盟的概念仍有爭議，但從總結戰略聯盟的各種形式來看，可以把它歸納成一個相對合適的定義：戰略聯盟是兩個或兩個以上的企業實體爲了實現特定的戰略目標而採取的共擔風險、共用利益的長期聯合與合作協定。

聯盟是介於獨立的企業與市場交易關係之間的一種組織形態，它既沒有集中化的權威控制，又不是市場上一手交錢一手交貨的交易。可以說，聯盟是企業間在研發、生產、銷售等方面相對穩定、長期的一種契約關係。

由於未來是利益交換的時代，誰能創造更多的利益就能換取更多的生存空間，結盟式利益共創成爲「聯盟」的思考點。「聯盟」強調的是借力使力，在共生利益的前提下，創造雙贏的局勢，換言之，共生利益成爲取捨的準則，而借力使力、聯合戰線、業內合作、跨行聯盟、資源分享，進而發揮 1＋1＞2 的乘數效果則是「戰略聯盟」的精華。

從歷史來看，戰略聯盟是在 20 世紀 80 年代世界經濟普遍高漲的背景下，企業爲改變自身經營的單一結構，實現多管道增長而採取的開發新行業、拓展新領域、向多種經營方向發展的一種新戰略。當時戰略聯盟的目的是爲了積極利用剩餘資本，通過戰略聯盟來擴大銷售規模。

戰略聯盟實質上是一種資源的共用機制，它通過資源利用率的提高，使聯盟雙方均獲得收益。這種資源的共用貫穿於市場營銷各個環節之中。它有以下幾種方式：

1. 品牌聯盟

品牌是現代企業最寶貴的無形資產，具有極高的共用價值。日益風靡大陸的特許加盟制就是品牌聯盟的典型。富士在中國之所以取得驚人的擴張速度，很大程度上歸功於其特許加盟的經營方式：只要符合基本條件，任何店鋪都可以申請加盟「富士彩擴沖印店」，由富士統一配置設備、供應相紙和裝修店面。而柯達前幾年對沖印點的控制很嚴，許多都是自己投資開設，且對店鋪面積、運作流程、沖印技術等要求高度統一，導致柯達在大陸的擴張速度受阻，一度將中國市場領導者的桂冠讓給富士。

2. 新產品開發聯盟

新產品的開發成本日高、風險日增，有些項目的開發成本即使行業巨頭也無力獨立承擔。在 Cisco Systems 公司和摩托羅拉公司的聯盟計劃中，雙方打算在未來 4—5 年中，共同投資 10 億美元，開發建設一個無線 Internet。兩家公司計劃交叉許可技術和開發互補產品。此外，他們還打算共同出資在世界範圍內建立 4 個 Internet 解決方案中心，鼓勵第三方公司共同開發和建立基於 Internet 標準的新服務和新產品。雙方都從中受益，不僅節約了鉅額的研發成本，還增強了市場競爭力。

3. 分銷管道聯盟

銷售管道是營銷下游的重要環節，管道競爭已逐漸成爲企業競爭的焦點。世界經濟一體化使市場空間空前廣闊，企業要憑自身力量在全球範圍內建立完整的分銷體系是不划算也不可能的。爲此，製藥行業許多跨國公司委託在國外關鍵市場擁有卓越經銷系統的競爭對手銷售產品，例如在美國，默克公司銷售日本山之內公司的 Gaster。

4.促銷聯盟

促銷聯盟包括廣告、營業推廣和推銷等各方面，一般發生在不同類、無競爭性的產品之間。小天鵝洗衣機與碧浪洗衣粉結成廣告聯盟，每一袋碧浪洗衣粉上都有「小天鵝指定推薦」標誌；一家酒店和航空公司聯盟，凡在酒店消費達一定限額的顧客可獲得一張該航空公司的免費機票；反之，在航空公司累積飛行達一定里程的顧客也可免費入住該酒店，此案例成功的關鍵在於經常飛行的消費者往往也是酒店的頻繁光顧者。目標顧客群重合度高的促銷聯盟最爲有效。

5.價格聯盟

寡頭壟斷行業的價格聯盟最有利可圖。將定價統一規範在一定界限之內，既可避免無謂的惡性競爭、省卻博弈的煩惱，又可提高行業進入壁壘，有效防止新競爭者的加入。雖然會對消費者的利益稍有損傷，但從行業前途來看，這也未必不是一種兩全其美的良策。

6.垂直聯盟

垂直聯盟指營銷上下游環節不同企業的聯盟。製造商與代理商(或經銷商)的聯盟、廣告主與廣告公司的聯盟、企業與供應商或客戶的聯盟均在此列。這類聯盟的特徵是聯盟主體處在價值鏈的不同環節上，代表垂直一體化的一種形式。

零售業巨子西爾斯百貨公司有衆多供應商聯盟。它委託許多中小廠家生產各種類別的產品，然後都採用西爾斯品牌銷售。在這個聯盟中，西爾斯以低廉的成本樹立起自己的品牌，而供應商們贏得了穩定而可觀的銷售額，在激烈的競爭中得以生存。

戰略聯盟是企業間的協作，但它本質上仍只是競爭的一種形式。企業間利益不可能完全一致，聯盟成員都試圖借此實現自身戰略利益的最大化。企業對未來產業規則的判斷是動態的、發展的，企業的市場地位也在不斷變化，這一切都衝擊著聯盟內的利益平衡態勢，進而對聯盟本身的穩定性構成威脅。

戰略聯盟使昔日的扁舟在合作方面搖身一變成爲一艘巨輪，由於在合作項目中規模龐大，從而可以使其內部進行生產結構的合理調整，在人、財、物方面實現最優組合，形成強大的生產能力，並相應地帶來成本的降低。概括起來，戰略聯盟具有以下作用：

一是創造規模經濟。小企業因爲遠未達到規模經濟，與大企業比較，其生產成本就會高些。這些未達到規模經濟的小企業通過兼併聯合，擴大規模，就能產生協同效應，即「1＋1＞2」效應，提高企業的效率，降低成本，增加盈利。當然，像波音、麥道這類大公司的合作，其目的已不單單是追求規模經濟，他們追求的是企業的長遠發展。

二是實現企業優勢互補，形成綜合優勢。企業各有所長，有的資金上有優勢，有的技術上有優勢，有的產品品牌上有優勢，有的管理上有經驗等。這些企業如果通過兼併聯合，結成同盟，可以把分散的優勢組合起來，形成綜合優勢，也就可以在各方面、各部份之間取長補短，實現互補效應。例如壟斷個人電腦軟體市場的微軟與惠普公司聯盟。通過聯盟，微軟公司將得到惠普公司的幫助，使微軟公司的作業系統視窗 NT 具有更大的功能和更大的電腦市場。惠普公司將生產一種成本更低、簡化了的電腦——網路個人電腦

(NETPC)，而 NETPC 是微軟公司和晶片製造廠家英代爾向企業推薦的一種新型電腦。

三是可以有效地佔領新市場。企業進入新的產業要克服產業壁壘，進入新市場也同樣要越過市場壁壘。通過企業間的聯盟合作進入新市場，就可以有效地克服這種壁壘。例如，在 20 世紀 80 年代，摩托羅拉開始進入日本的移動電話市場時，由於日本市場存在大量正式、非正式的貿易壁壘，使得摩托羅拉公司舉步維艱。到 1987 年，它與東芝結盟製造微處理器，並由東芝提供市場營銷幫助，最終成功地克服了進入日本市場的壁壘，進入了日本移動電話市場。

四是能夠快速有效地實現主導產品的轉移。每一個產品都有其創新期、成長期、成熟期與衰退期。企業一方面可以不斷開發新產品以適應產品生命週期；另一方面可以與別的企業兼併聯合，運用聯盟，進行產品轉移，以適應產業升級和產業政策的變化以及新的貿易格局。

五是有利於處理專業化和多樣化的生產關係。企業通過縱向聯合的合作競爭，有利於組織專業化的協作和穩定供給。如日本豐田公司只負責主要部件的生產和整車的組裝，減少了許多交易的中間環節，節約了交易費用，提高了效益。而通過兼併實行聯盟戰略，從事多樣化經營，則有利於企業尋求成長機會，避免經營風險。

一些專家在考察企業經營狀況時發現，領先者與落後者之間的差別就在於是否善於聯合，是否善於廣泛而明智地利用合作關係。未來的競爭將不再是企業與企業的競爭，而是聯盟與聯盟的競爭。

◎ 教會別人為自己賺錢

有兩個人非常要好，而且都很喜歡釣魚。但他們的性格差異很大，一個性格極其孤僻，對人愛理不理的，只喜歡獨享垂釣之樂；一個待人特別熱心，性格豪爽，喜歡廣交天下朋友。

一天，他們約好到一個池塘邊釣魚。到了日頭當午時分，兩個人都收穫滿滿的，並互相慶賀。這時有一群人來這裏釣魚，因為他們都是生手，弄了半天也沒有一條魚上鉤。

熱心的那個人忍不住走過去大方地說：「不如讓我來告訴你們釣魚的方法吧，如果你們利用我的訣竅釣了很多魚，那就要從 10 條魚裏分 1 條給我。」

這些人當然樂意了。

因此，熱心的人就開始傳授釣魚的竅門。之後，每當有生手來釣魚時，他就向他們傳授釣魚的技法，附加條件同樣是每釣上來 10 條魚就送他 1 條。

到傍晚時分，熱心的朋友把無聊的閒暇時光全用於指導釣魚的生手，別人分給他的魚也足足裝了一大筐，而且還因此認識了許許多多新朋友。另一位呢，則枯坐了一整天，他所收益的無論是魚還是樂趣，遠遠比不上朋友來得多。

這個故事告訴我們：一個人憑藉自己的技術可以賺錢，但是賺得的錢畢竟有限。如果能夠把自己的技術傳授給別人，然後從中收取報酬，透過這種途徑來賺錢則更方便、更快捷。傳授的人越多，收取的報酬也就越多，財富也就越多。

對待技術有兩種做法：

・獨佔技術，自己埋頭苦幹，憑藉自己的技術獲得財富；

・將自己的技術交給別人，然後從中收取傳授技術的報酬。

究竟那一種方法比較好呢？顯然是後者。

心得欄 ________________________________

150	企業流程管理技巧	360 元
152	向西點軍校學管理	360 元
154	領導你的成功團隊	360 元
155	頂尖傳銷術	360 元
160	各部門編制預算工作	360 元
163	只為成功找方法，不為失敗找藉口	360 元
167	網路商店管理手冊	360 元
168	生氣不如爭氣	360 元
170	模仿就能成功	350 元
176	每天進步一點點	350 元
181	速度是贏利關鍵	360 元
183	如何識別人才	360 元
184	找方法解決問題	360 元
185	不景氣時期，如何降低成本	360 元
186	營業管理疑難雜症與對策	360 元
187	廠商掌握零售賣場的竅門	360 元
188	推銷之神傳世技巧	360 元
189	企業經營案例解析	360 元
191	豐田汽車管理模式	360 元
192	企業執行力（技巧篇）	360 元
193	領導魅力	360 元
198	銷售說服技巧	360 元
199	促銷工具疑難雜症與對策	360 元
200	如何推動目標管理（第三版）	390 元
201	網路行銷技巧	360 元
204	客戶服務部工作流程	360 元
206	如何鞏固客戶（增訂二版）	360 元
208	經濟大崩潰	360 元
215	行銷計劃書的撰寫與執行	360 元
216	內部控制實務與案例	360 元
217	透視財務分析內幕	360 元
219	總經理如何管理公司	360 元
222	確保新產品銷售成功	360 元
223	品牌成功關鍵步驟	360 元
224	客戶服務部門績效量化指標	360 元
226	商業網站成功密碼	360 元
228	經營分析	360 元
229	產品經理手冊	360 元
230	診斷改善你的企業	360 元
232	電子郵件成功技巧	360 元
234	銷售通路管理實務〈增訂二版〉	360 元
235	求職面試一定成功	360 元
236	客戶管理操作實務〈增訂二版〉	360 元
237	總經理如何領導成功團隊	360 元
238	總經理如何熟悉財務控制	360 元
239	總經理如何靈活調動資金	360 元
240	有趣的生活經濟學	360 元
241	業務員經營轄區市場（增訂二版）	360 元
242	搜索引擎行銷	360 元
243	如何推動利潤中心制度（增訂二版）	360 元
244	經營智慧	360 元
245	企業危機應對實戰技巧	360 元
246	行銷總監工作指引	360 元
247	行銷總監實戰案例	360 元
248	企業戰略執行手冊	360 元
249	大客戶搖錢樹	360 元
250	企業經營計劃〈增訂二版〉	360 元
252	營業管理實務（增訂二版）	360 元
253	銷售部門績效考核量化指標	360 元
254	員工招聘操作手冊	360 元
256	有效溝通技巧	360 元
257	會議手冊	360 元
258	如何處理員工離職問題	360 元
259	提高工作效率	360 元
261	員工招聘性向測試方法	360 元
262	解決問題	360 元
263	微利時代制勝法寶	360 元
264	如何拿到 VC（風險投資）的錢	360 元
267	促銷管理實務〈增訂五版〉	360 元
268	顧客情報管理技巧	360 元
269	如何改善企業組織績效〈增訂二版〉	360 元
270	低調才是大智慧	360 元
272	主管必備的授權技巧	360 元
275	主管如何激勵部屬	360 元

276	輕鬆擁有幽默口才	360 元
277	各部門年度計劃工作（增訂二版）	360 元
278	面試主考官工作實務	360 元
279	總經理重點工作（增訂二版）	360 元
282	如何提高市場佔有率（增訂二版）	360 元
283	財務部流程規範化管理（增訂二版）	360 元
284	時間管理手冊	360 元
285	人事經理操作手冊（增訂二版）	360 元
286	贏得競爭優勢的模仿戰略	360 元
287	電話推銷培訓教材（增訂三版）	360 元
288	贏在細節管理（增訂二版）	360 元
289	企業識別系統 CIS（增訂二版）	360 元
290	部門主管手冊（增訂五版）	360 元
291	財務查帳技巧（增訂二版）	360 元
292	商業簡報技巧	360 元
293	業務員疑難雜症與對策（增訂二版）	360 元
294	內部控制規範手冊	360 元
295	哈佛領導力課程	360 元
296	如何診斷企業財務狀況	360 元
297	營業部轄區管理規範工具書	360 元
298	售後服務手冊	360 元
299	業績倍增的銷售技巧	400 元
300	行政部流程規範化管理（增訂二版）	400 元
301	如何撰寫商業計畫書	400 元
302	行銷部流程規範化管理（增訂二版）	400 元
303	人力資源部流程規範化管理（增訂四版）	420 元
304	生產部流程規範化管理（增訂二版）	400 元
305	績效考核手冊(增訂二版)	400 元
306	經銷商管理手冊(增訂四版)	420 元
307	招聘作業規範手冊	420 元
308	喬·吉拉德銷售智慧	400 元
309	商品鋪貨規範工具書	400 元
310	企業併購案例精華(增訂二版)	420 元
311	客戶抱怨手冊	400 元
312	如何撰寫職位說明書(增訂二版)	400 元
313	總務部門重點工作（增訂三版）	400 元
314	客戶拒絕就是銷售成功的開始	400 元
315	如何選人、育人、用人、留人、辭人	400 元
316	危機管理案例精華	400 元
317	節約的都是利潤	400 元
318	企業盈利模式	400 元

《商店叢書》

10	賣場管理	360 元
18	店員推銷技巧	360 元
30	特許連鎖業經營技巧	360 元
35	商店標準操作流程	360 元
36	商店導購口才專業培訓	360 元
37	速食店操作手冊〈增訂二版〉	360 元
38	網路商店創業手冊〈增訂二版〉	360 元
40	商店診斷實務	360 元
41	店鋪商品管理手冊	360 元
42	店員操作手冊（增訂三版）	360 元
43	如何撰寫連鎖業營運手冊〈增訂二版〉	360 元
44	店長如何提升業績〈增訂二版〉	360 元
45	向肯德基學習連鎖經營〈增訂二版〉	360 元
46	連鎖店督導師手冊	360 元
47	賣場如何經營會員制俱樂部	360 元
48	賣場銷量神奇交叉分析	360 元
49	商場促銷法寶	360 元
51	開店創業手冊〈增訂三版〉	360 元
52	店長操作手冊（增訂五版）	360 元
53	餐飲業工作規範	360 元

54	有效的店員銷售技巧	360 元
55	如何開創連鎖體系〈增訂三版〉	360 元
56	開一家穩賺不賠的網路商店	360 元
57	連鎖業開店複製流程	360 元
58	商鋪業績提升技巧	360 元
59	店員工作規範（增訂二版）	400 元
60	連鎖業加盟合約	400 元
61	架設強大的連鎖總部	400 元
62	餐飲業經營技巧	400 元
63	連鎖店操作手冊（增訂五版）	420 元

《工廠叢書》

13	品管員操作手冊	380 元
15	工廠設備維護手冊	380 元
16	品管圈活動指南	380 元
17	品管圈推動實務	380 元
20	如何推動提案制度	380 元
24	六西格瑪管理手冊	380 元
30	生產績效診斷與評估	380 元
32	如何藉助 IE 提升業績	380 元
35	目視管理案例大全	380 元
38	目視管理操作技巧（增訂二版）	380 元
46	降低生產成本	380 元
47	物流配送績效管理	380 元
49	6S 管理必備手冊	380 元
51	透視流程改善技巧	380 元
55	企業標準化的創建與推動	380 元
56	精細化生產管理	380 元
57	品質管制手法〈增訂二版〉	380 元
58	如何改善生產績效〈增訂二版〉	380 元
67	生產訂單管理步驟〈增訂二版〉	380 元
68	打造一流的生產作業廠區	380 元
70	如何控制不良品〈增訂二版〉	380 元
71	全面消除生產浪費	380 元
72	現場工程改善應用手冊	380 元
75	生產計劃的規劃與執行	380 元
77	確保新產品開發成功（增訂四版）	380 元
78	商品管理流程控制（增訂三版）	380 元
79	6S 管理運作技巧	380 元
80	工廠管理標準作業流程〈增訂二版〉	380 元
81	部門績效考核的量化管理（增訂五版）	380 元
82	採購管理實務〈增訂五版〉	380 元
83	品管部經理操作規範〈增訂二版〉	380 元
84	供應商管理手冊	380 元
85	採購管理工作細則〈增訂二版〉	380 元
86	如何管理倉庫（增訂七版）	380 元
87	物料管理控制實務〈增訂二版〉	380 元
88	豐田現場管理技巧	380 元
89	生產現場管理實戰案例〈增訂三版〉	380 元
90	如何推動 5S 管理（增訂五版）	420 元
91	採購談判與議價技巧	420 元
92	生產主管操作手冊（增訂五版）	420 元
93	機器設備維護管理工具書	420 元
94	如何解決工廠問題	420 元

《醫學保健叢書》

1	9 週加強免疫能力	320 元
3	如何克服失眠	320 元
4	美麗肌膚有妙方	320 元
5	減肥瘦身一定成功	360 元
6	輕鬆懷孕手冊	360 元
7	育兒保健手冊	360 元
8	輕鬆坐月子	360 元
11	排毒養生方法	360 元
13	排除體內毒素	360 元
14	排除便秘困擾	360 元
15	維生素保健全書	360 元
16	腎臟病患者的治療與保健	360 元
17	肝病患者的治療與保健	360 元
18	糖尿病患者的治療與保健	360 元
19	高血壓患者的治療與保健	360 元
22	給老爸老媽的保健全書	360 元
23	如何降低高血壓	360 元
24	如何治療糖尿病	360 元

25	如何降低膽固醇	360 元
26	人體器官使用說明書	360 元
27	這樣喝水最健康	360 元
28	輕鬆排毒方法	360 元
29	中醫養生手冊	360 元
30	孕婦手冊	360 元
31	育兒手冊	360 元
32	幾千年的中醫養生方法	360 元
34	糖尿病治療全書	360 元
35	活到 120 歲的飲食方法	360 元
36	7 天克服便秘	360 元
37	為長壽做準備	360 元
39	拒絕三高有方法	360 元
40	一定要懷孕	360 元
41	提高免疫力可抵抗癌症	360 元
42	生男生女有技巧〈增訂三版〉	360 元

《培訓叢書》

11	培訓師的現場培訓技巧	360 元
12	培訓師的演講技巧	360 元
14	解決問題能力的培訓技巧	360 元
15	戶外培訓活動實施技巧	360 元
17	針對部門主管的培訓遊戲	360 元
20	銷售部門培訓遊戲	360 元
21	培訓部門經理操作手冊（增訂三版）	360 元
22	企業培訓活動的破冰遊戲	360 元
23	培訓部門流程規範化管理	360 元
24	領導技巧培訓遊戲	360 元
25	企業培訓遊戲大全(增訂三版)	360 元
26	提升服務品質培訓遊戲	360 元
27	執行能力培訓遊戲	360 元
28	企業如何培訓內部講師	360 元
29	培訓師手冊（增訂五版）	420 元
30	團隊合作培訓遊戲(增訂三版)	420 元
31	激勵員工培訓遊戲	420 元

《傳銷叢書》

4	傳銷致富	360 元
5	傳銷培訓課程	360 元
7	快速建立傳銷團隊	360 元
10	頂尖傳銷術	360 元
12	現在輪到你成功	350 元
13	鑽石傳銷商培訓手冊	350 元
14	傳銷皇帝的激勵技巧	360 元
15	傳銷皇帝的溝通技巧	360 元
19	傳銷分享會運作範例	360 元
20	傳銷成功技巧（增訂五版）	400 元
21	傳銷領袖（增訂二版）	400 元
22	傳銷話術	400 元

《幼兒培育叢書》

1	如何培育傑出子女	360 元
2	培育財富子女	360 元
3	如何激發孩子的學習潛能	360 元
4	鼓勵孩子	360 元
5	別溺愛孩子	360 元
6	孩子考第一名	360 元
7	父母要如何與孩子溝通	360 元
8	父母要如何培養孩子的好習慣	360 元
9	父母要如何激發孩子學習潛能	360 元
10	如何讓孩子變得堅強自信	360 元

《成功叢書》

1	猶太富翁經商智慧	360 元
2	致富鑽石法則	360 元
3	發現財富密碼	360 元

《企業傳記叢書》

1	零售巨人沃爾瑪	360 元
2	大型企業失敗啟示錄	360 元
3	企業併購始祖洛克菲勒	360 元
4	透視戴爾經營技巧	360 元
5	亞馬遜網路書店傳奇	360 元
6	動物智慧的企業競爭啟示	320 元
7	CEO 拯救企業	360 元
8	世界首富　宜家王國	360 元
9	航空巨人波音傳奇	360 元
10	傳媒併購大亨	360 元

《智慧叢書》

1	禪的智慧	360 元
2	生活禪	360 元
3	易經的智慧	360 元
4	禪的管理大智慧	360 元
5	改變命運的人生智慧	360 元

經營顧問叢書 ⑱ 售價：400 元

企業盈利模式

西元二〇一五年九月 初版一刷

編輯指導：黃憲仁

編著： 王德勝

策劃：麥可國際出版有限公司（新加坡）

編輯：蕭玲

校對：劉飛娟

發行人：黃憲仁

發行所：憲業企管顧問有限公司

電話：(02) 2762-2241　(03) 9310960　0930872873

電子郵件聯絡信箱：huang2838@yahoo.com.tw

銀行 ATM 轉帳：合作金庫銀行　帳號：5034-717-347447

郵政劃撥：18410591　憲業企管顧問有限公司

登記證：行政業新聞局版台業字第 6380 號

本圖書是由憲業企管顧問（集團）公司所出版，以專業立場，為企業界提供最專業的各種經營管理類圖書。

圖書編號 ISBN：978-986-369-026-9